L’âge de l’Univers

Dans la même collection

L'histoire secrète des fleurs, François Parcy, 2019.

Pourquoi la Terre est ronde, Alain Riazuelo, 2019.

Pourquoi le Soleil brille, Roland Lehoucq, 2020.

Comment pensent les animaux, Loïc Bollache, 2020.

La folle histoire des virus, Tania Louis, 2020.

Marc Lachièze-Rey

L'âge de l'Univers

humenSciences

COMMENT A-T-ON SU

Collection dirigée par

Étienne Klein

Prolongez l'expérience avec la newsletter de Cogito sur www.humensciences.com

ISBN : 978-2-3793-1072-0

Dépôt légal : mai 2021

170 bis, boulevard du Montparnasse, 75014 Paris
Tél. : 01 55 42 84 00
www.humensciences.com

INTRODUCTION

L'Univers.

On l'appelle aussi le monde, le cosmos...

Que peut-on dire de lui? Comment en parler?

Est-il grand ou petit? Fini ou infini? A-t-il toujours existé? Existera-t-il toujours? Est-il « harmonieux » ou désordonné? Pourquoi existe-t-il? Aurait-il pu être autrement? A-t-il un âge?

Ces questions ont occupé les esprits de nos prédécesseurs de toutes disciplines, bien avant notre civilisation, bien avant l'apparition de la science. Mais aujourd'hui, la physique s'en est emparée. Il a d'abord fallu définir rigoureusement cette notion d'univers, dont nous n'avions auparavant que l'intuition, jusqu'à former une discipline à part entière, la « cosmologie physique ». C'est dans ce cadre que toutes les questions évoquées ont été reprises une à une afin de tenter de leur apporter une réponse scientifique.

Je vais m'intéresser dans ce livre plus particulièrement à l'une d'elles, car elle me semble éclairer, parfois directement, parfois par ricochets, de nombreuses autres questions, en même temps qu'elle nécessite, sous son allure banale, une véritable plongée dans l'océan des concepts cosmologiques afin d'être correctement comprise. Cette question, la voici: quel est l'âge de l'Univers?

Mes lecteurs un tant soit peu au fait des théories cosmologiques actuelles ou des connaissances astronomiques seront peut-être ici tentés de refermer cet ouvrage, en s'imaginant, dépités, qu'ils connaissent déjà la réponse. Cet âge, souvent noté T_U, avoisine les 13 milliards d'années, nous le savons depuis de nombreuses années, diront-ils. Je voudrais toutefois les persuader de rester avec moi, car tout le sel de la question est là.

D'une part, obtenir cette valeur bien connue a nécessité bien des efforts de la part des physiciens et cosmologues, et il n'est pas inintéressant de récapituler, tant l'histoire de cette discipline est passionnante. Les questions qu'elle pose sont presque aussi vieilles que l'humanité, tandis qu'elle dut attendre Newton et surtout Einstein puis Lemaître pour naître véritablement, scientifiquement. Étudier l'Univers lui-même! Quoi de plus ambitieux? Mais par quel bout commencer ? Eh bien, il se trouve que commencer par lui demander son âge n'est pas une mauvaise idée...

Ensuite, il nous apparaîtra que cette valeur de 13,7 milliards d'années (pour tenter d'être plus précis) n'est pas certaine, et qu'elle ne résulte aucunement d'une mesure ou d'une observation directe. Voilà qui est bien moins connu. Elle circule dans les articles de vulgarisation, mais elle n'est en réalité qu'une estimation, même si elle découle de l'ensemble d'hypothèses le plus raisonnable aujourd'hui. Or ces hypothèses, et surtout les raisons qui nous poussent à les adopter, dessinent l'état des lieux des connaissances cosmologiques actuelles, des rapports de force entre des idées parfois encore en concurrence et qui évoluent au gré des nouvelles découvertes. Réfléchir autour de cette notion d'âge permet ainsi de brosser le tableau de la cosmologie physique actuelle, entre constante cosmologique et énergie noire, matière noire froide ou chaude, et même univers unique et univers multiples. Les différentes options aboutissent en effet à des valeurs différentes pour l'âge de l'Univers. Pire : selon certaines, l'Univers n'en a tout simplement pas.

Enfin, réfléchir à l'âge de l'Univers permet d'aborder en profondeur, du point de vue cosmologique, la question du temps. Car la notion d'âge diffère selon qu'on l'applique à l'Univers ou à ma grand-mère. Parler de l'âge de l'Univers met en jeu une chronologie de son évolution que l'on appelle le « temps cosmique ». Or, le temps cosmique ne s'écoule pas comme le temps usuel, celui dont nous avons l'intuition. Et contrairement à l'âge de ma grand-mère, ni sa définition, ni son estimation ne vont de soi. Il ne suffit pas de compter 13 milliards de bougies. Pour bien comprendre sa définition, puis son estimation, il faudra parcourir l'ensemble de la cosmologie physique, ses découvertes, ses théories les plus hardies, les plus douteuses parfois. Voilà qui promet d'être intéressant.

Déjà sa simple définition mobilise une grande partie de la cosmologie théorique. Et son estimation (encore sujette à débat comme nous le verrons) met en jeu la presque totalité des observations de la discipline !

Une vague idée d'univers

C'est avec le grand physicien anglais Isaac Newton, au XVIIe siècle, que la notion d'univers a vraiment pris corps. Bien entendu, ce n'est pas avec lui qu'ont commencé les discours sur le monde. Mais c'est avec lui que cette notion encore vague s'est précisée.

Je ne suis pas certain que les historiens et les épistémologues s'accordent sur la question de la naissance de la physique, de sa naissance en tant que véritable discipline scientifique. Il est courant d'entendre évoquer la « science de l'Antiquité grecque », ou même celle de civilisations antérieures. Mais les réflexions et les pratiques de nos prédécesseurs de ces époques, notamment à propos de l'Univers, étaient loin de correspondre à ce que nous qualifions aujourd'hui de « science », à part peut-être pour certains aspects mathématiques.

On peut sans aucun doute reconnaître aux présocratiques, à Aristote et autres penseurs grecs, aux mathématiciens et astronomes arabes du IXᵉ siècle, à Copernic, à Kepler, à Galilée, qu'ils maîtrisaient certains aspects de la démarche scientifique. Et je pourrais en citer bien d'autres. Mais ce n'est pas leur faire injure que de déclarer qu'ils ne pratiquaient pas encore la physique dans le sens où nous l'entendons aujourd'hui, que leurs réflexions sur le monde n'atteignaient pas la cohérence et la rigueur, et donc l'efficacité, que la révolution newtonienne leur procurerait. Et sans rentrer dans un débat d'historiens, c'est cette révolution que j'assimilerai au début, sinon de la physique, du moins de la « physique moderne » : les *Principia* de Newton (publiés à Londres en 1687) constituent son acte de baptême.

Et ce n'est pas un hasard que la naissance de la physique se confonde avec celle d'une notion précise et fonctionnelle de l'Univers : la physique a besoin de cela pour être opérationnelle. Elle doit disposer d'un cadre au sein duquel situer les objets auxquels elle s'intéresse, un cadre dans lequel ils évoluent, dans lequel se déroulent les processus qu'elle étudie.

Ce cadre, c'est l'Univers, et le statut de cet univers doit être suffisamment défini pour que la physique puisse devenir opératoire, suffisamment défini pour que les physiciens puissent évoquer ses propriétés physiques, pour que l'on puisse le considérer comme un objet légitime d'étude scientifique.

De Newton à Einstein

Newton a bouleversé la physique en introduisant une manière nouvelle, précise, mathématisée, de décrire les objets qu'elle manipule. Il a fait plus que fonder une théorie nouvelle et créer la physique moderne : il a modifié la conception du monde physique. Il a amené la possibilité de parler d'*univers* avec des concepts précis, d'un point de vue de physicien libéré de la métaphysique. Et la révolution scientifique enclenchée fut presque immédiatement couronnée de succès concrets.

Mais la physique elle-même évolue, ainsi que les notions qu'elle manipule. Malgré son ampleur et ses succès, la révolution newtonienne ne fut qu'une étape. En sautant sur deux siècles et demi d'innovations, deux nouvelles révolutions scientifiques fondamentales vont lui succéder : les théories relativistes d'une part et la physique quantique d'autre part. Cette dernière se consacre essentiellement à l'infiniment petit, si bien que nous aurons peu l'occasion de l'évoquer, même si elle a sans doute joué un rôle en cosmologie, encore non élucidé (que j'évoquerai malgré tout dans les derniers chapitres).

En revanche, la théorie de la relativité générale est au cœur des questions qui me préoccupent ici, car c'est elle qui permet aujourd'hui de parler de l'Univers de manière pertinente ; d'évoquer ses propriétés et même, pour certaines, de les estimer. Parmi ces propriétés quantifiables se trouve son âge. Pourtant, l'univers de Newton n'en avait pas. Mais son travail a préparé l'étape relativiste, qui a permis de définir la notion d'âge, et même d'en donner une estimation.

L'étude de l'Univers du point de vue de la physique constitue la cosmologie relativiste, ainsi baptisée car elle se fonde sur la théorie de la relativité, qui lui est consubstantielle. Les théories relativistes se sont révélées un outil merveilleux et indispensable pour aborder l'étude de l'Univers d'une manière cohérente et pleinement scientifique. Elles ont permis de définir sans ambiguïté ses propriétés. Elles ont même indiqué des pistes pour les estimer. L'avènement des théories d'Einstein au début du XXe siècle fut un véritable bouleversement de ce point de vue. C'est grâce à elles que la cosmologie scientifique a pris son essor, en devenant « relativiste », et que la notion d'univers a acquis un statut relevant véritablement de la physique. L'univers de Newton était encore trop simple.

Ainsi, la question de l'âge de l'Univers ne pouvait pas se poser dans la physique, ou la cosmologie, de Newton. Cette notion n'y existait tout simplement pas. C'est dans notre cosmologie moderne, la cosmologie relativiste, qu'elle a acquis son sens. Pourtant, le *temps* était bien défini dans la physique de Newton, alors que le message principal de la théorie de la relativité générale est que le temps n'existe pas dans la nature ! Avant d'espérer estimer l'âge de l'Univers en cosmologie relativiste, il faut donc le définir, et cela sans faire appel à la notion de temps. L'étape suivante consiste à estimer cet âge. Là non plus, la tâche ne sera pas aussi facile qu'on pourrait le croire.

À travers les âges

« J'ai 20 ans. » Si cette affirmation est vraie quand je l'écris, elle ne le sera plus lorsque vous lirez ces lignes.

Je peux dire « j'ai 20 ans » car c'est moi qui parle et je me réfère au moment où je parle. Mais quel est l'âge de Victor Hugo ? Dois-je évoquer son âge au moment de sa mort ? Celui où il a écrit *Les Misérables* ? Où il a perdu sa fille ? La question n'a pas vraiment de sens. Je ne peux parler de l'âge d'une personne, ou d'un objet, qu'en me référant à un moment déterminé de son existence.

L'âge, de quoi que ce soit, change incessamment. Pour évoquer celui de l'Univers, je devrais préciser à quel moment de son histoire. Il va plus ou moins de soi que je me réfère au moment où je parle, où j'écris ces lignes. Mais je devrais pouvoir parler pareillement de son âge lors de n'importe quel épisode de son histoire : son âge aujourd'hui, son âge lors de la formation du Système solaire, son âge lors de l'explosion de telle supernova, etc.

Si je parle de mon âge, je parle en réalité de la durée écoulée depuis ma naissance et ce degré de précision suffit dans la discussion de tous les jours. Mais pourrait-on être plus précis ? Quand j'évoque ma naissance, s'agit-il de mon premier cri ? De ma première inspiration ? Du tranchement du cordon ombilical ? À moins que l'on tienne compte des derniers instants de ma vie intra-utérine ? Au quotidien, ces subtilités sont négligées. Personne ne se soucie de tels problèmes. Personne ne m'a encore demandé mon âge avec une précision qui nécessiterait de telles subtilités*. Mais si je voulais une définition ultraprécise, il faudrait que j'y prête attention.

Les conventions habituelles ne laissent pas subsister d'ambiguïté sur la définition de mon âge. Mais comment puis-je avoir connaissance de sa valeur ? Je n'en ai pas de souvenir direct. En fait, ce sont mes parents qui m'ont indiqué depuis longtemps ma date de naissance ; ce qui permet de fêter mes anniversaires et de connaître mon âge au jour le jour. Mais pour un orphelin ? Il peut consulter les registres d'État civil. Mais si ceux-ci ont disparu ? S'ils sont inaccessibles ? S'ils n'ont jamais existé parce que vous appartenez à une communauté qui n'enregistre pas les naissances ?

Ai-je un moyen d'estimer directement mon âge ? De le mesurer ? La chronologie de mes souvenirs est bien trop approximative et, le plus souvent, infidèle. Ils ne remontent pas assez loin. Reste l'examen de mon organisme. Ainsi procède le médecin légiste qui cherche à évaluer l'âge d'un corps non identifié. Il peut estimer les âges apparents du cœur (mais si le

* Sauf peut-être quelques astrologues qui veulent donner l'illusion d'une approche scientifique.

« patient » a subi une greffe d'organe ?), de la musculature, de la peau, du cerveau... Mais ces estimations sont imprécises. Et elles ne coïncident pas nécessairement. Certains vieillissent prématurément ; d'autres préservent davantage leur jeunesse. Tel vieillard a « conservé un cœur de jeune homme ». Tel autre est « gâteux avant l'âge ». Celle-ci a conservé un teint de jeune fille...

Face à un inconnu, il n'existe aucun moyen qui me fournirait une estimation précise de son âge, ou de sa date de naissance, sinon d'une manière très grossière. Il en est de même pour n'importe quel objet, à moins que je ne connaisse son histoire. Connaît-on bien celle de l'Univers ?

L'âge n'est pas une quantité mesurable, en tous cas pas directement. C'est quelque chose que nous devons reconstituer. Voici une information à méditer pour qui voudrait connaître l'âge de l'Univers.

Un âge ou des âges ?

Une autre difficulté se présente quand il s'agit d'estimer l'âge d'un système complexe, composé de plusieurs éléments. C'est bien sûr le cas de l'Univers, mais c'est aussi le cas, plus prosaïquement, de tout être humain. Le biologiste me parle de l'âge de *mes cellules* : nombre d'entre elles se renouvellent périodiquement (à l'exception de la majorité de mes neurones, paraît-il). Leurs âges sont bien inférieurs au mien. Mais ces cellules sont elles-mêmes constituées de molécules et, en dernier regard, d'atomes qui, pour la plupart, ont été fabriqués par des réactions nucléaires au cœur d'étoiles anciennes, bien avant la formation du Système solaire ! Leurs âges se mesurent en milliards d'années.

Mon âge et les âges de mes constituants sont tous différents.

C'est encore pire pour un produit manufacturé ! Vais-je définir l'âge de mon téléviseur comme la durée écoulée depuis son achat ? Ou bien depuis sa sortie d'usine ? Certaines pièces qui le constituent ont pu rester stockées longtemps avant leur assemblage... Et lui aussi se compose d'atomes fabriqués il y a des milliards d'années.

Quand les Japonais évoquent le Kinkaku-ji, ce temple bien connu couvert de feuilles d'or, ils en parlent comme d'un bâtiment presque millénaire. En réalité, il a brûlé plusieurs fois. Tous ses éléments ont été remplacés les uns après les autres au cours des siècles. Aucun d'eux n'a le même âge que le temple lui-même. Mais l'âge de chaque élément individuel n'est pas ce qui compte aux yeux des amoureux des lieux, qui regardent plutôt l'ensemble.

Et l'âge d'un simple caillou ? Est-ce celui de ses atomes ? Des molécules du matériau physico-chimique qui le constituent ? De la cristallisation qui lui a donné sa forme ? Du moment où il fut séparé de sa gangue, du substrat dans lequel il était emprisonné ? Du processus d'érosion qui lui a conféré son aspect actuel ? Quand est-il devenu caillou ? *Ce* caillou ?

Et cette particule élémentaire que je détecte ? Peut-être a-t-elle été créée lors du Big Bang ? Ou peut-être il y a seulement quelques minutes, dans le Soleil ? Ici, l'analyse de son aspect ne peut nous aider car une particule toute fraîche, tout juste créée, est strictement identique à celle qui voyage depuis des milliards d'années dans l'Univers. Une particule ne vieillit pas et ce n'est certainement pas en l'examinant que je pourrai avoir une idée de son âge*.

Des âges astronomiques

Les planètes, le Soleil, les étoiles, les galaxies ont-ils été toujours là ? La plupart des philosophes de l'Antiquité grecque, Platon en tête, estimaient le ciel

* Peut-être en examinant les caractéristiques d'une *population* particulière de particules pourrais-je avoir une idée du processus qui lui a donné naissance, et donc de son âge. C'est le principe des datations radioactives.

immuable. Les étoiles, la Voie lactée, la Lune et le Soleil : tout était toujours déjà là. Mais la lente apparition de la science consiste précisément dans le rejet des mythes des origines. L'idée d'un âge possible pour les astres célestes – dans un sens physique – s'est imposée bien plus tard, après l'apparition de la science moderne.

C'est devenu un sujet de l'astrophysique, qui s'est penchée sur la question de la formation de tous ces astres. Leur âge n'est jamais défini comme celui des atomes de la matière dont ils se composent. Alors, qu'est-il ? Est-ce la durée qui nous sépare du moment où la matière qui les constitue s'est suffisamment condensée et désolidarisée du reste de l'Univers pour que l'on puisse les considérer comme des entités autonomes ? À moins que, pour une étoile, on ne considère le moment où elle s'est allumée ? Et pour une galaxie, le moment où elle s'est constituée en entité séparée du reste de la matière ? Ou le moment où de premières étoiles se sont allumées en son sein ? Dans tous les cas, on privilégie toujours l'âge de l'ensemble à celui de ses constituants.

Quel que soit l'objet auquel on s'intéresse, la définition de son âge comporte une part d'ambiguïté, du moins si l'on veut être précis, aussi précis qu'un scientifique. Par ailleurs, il n'existe en général aucune méthode directe pour l'estimer. Le regarder ne suffit pas. Cela peut donner une idée dans certains cas, pour le légiste qui estime l'âge d'une personne ou le botaniste celui d'un arbre, mais c'est parfaitement inutile dans d'autres contextes, comme celui des particules, toujours identiques à elles-mêmes à travers le temps. Les astronomes ont mis longtemps à comprendre que la Terre, la Lune, le Soleil, les étoiles avaient un âge, et encore plus longtemps à l'estimer.

CHAPITRE 1

COSMOS ET TEMPS

Pour Aristote, le monde était éternel, il durait depuis toujours. Au contraire, son maître Platon tenait le monde pour être la création d'un démiurge, ce qui impliquait un âge. Cela ne l'empêchait pas de considérer le ciel comme immuable. Dans ce débat, qui préfigure les discussions futures entre science et religion, les possibilités sont vastes et les positions variées.

Du côté pratique, les astronomes de l'Antiquité s'intéressaient au mouvement des planètes plutôt qu'à leur âge. Ils bâtissaient des « systèmes du monde », mais ceux-ci se bornaient à décrire, le plus souvent d'une manière géométrique, notre Système solaire d'aujourd'hui (qu'ils n'auraient jamais appelé « Système solaire », bien sûr : pour eux, c'était tout simplement le cosmos). L'âge de l'Univers n'était pas d'actualité. Les tentatives d'explication du monde n'en tenaient jamais compte. C'était une question qu'ils ne se posaient tout simplement pas.

Après le foisonnement de l'Antiquité grecque, le monde occidental a délaissé ces tentatives pendant plusieurs siècles. La physique et la cosmologie d'Aristote ont été oubliées quelque temps. Les réflexions sur l'Univers n'ont alors plus guère montré de caractère scientifique ; la vision du monde, imposée partout, était essentiellement bâtie à la lumière du récit biblique, mâtinée de quelques conceptions platoniciennes.

Les réflexions rationnelles vont renaître vers la fin du premier millénaire. D'abord chez les philosophes arabes qui étudient les travaux d'Aristote, les commentent et les critiquent, les traduisent et les réintroduisent en Occident. Mais, en Europe, la culture s'est imprégnée du récit religieux des écritures saintes. Il n'est pas très bien vu de discuter le dogme. Ainsi, pas question d'enseigner les conceptions aristotéliciennes récemment revenues sur scène, du moins officiellement, même si, petit à petit, quelques docteurs de l'Église vont tenter de concilier les deux visions.

Cependant, elles n'étaient guère conciliables.

Au commencement…

Selon Aristote, le monde est éternel, il a toujours existé. Comment accorder l'éternité prônée par ce philosophe grec avec l'idée de création, qui résulte des récits bibliques ? Car, si l'Univers a été créé, alors il a un âge, tout naturellement conçu comme la durée écoulée depuis sa création.

En 1650, l'archevêque irlandais James Ussher a ainsi proposé une datation précise : le monde aurait été créé en 4004 av. J.-C. ; le 23 octobre à 9 heures du soir. Il ne précise pas quel sens on peut donner ici à cette notion de date *. Cela fait sourire, mais Kepler et Newton se sont également penchés sur le problème : en comparant les récits bibliques avec les données d'observations astronomiques anciennes, ils ont tous deux proposé une création autour de 4000 av. J.-C. Comment Newton conciliait-il cette version de la Genèse avec l'écoulement infini du temps qu'il proposait ? Mystère !

Les penseurs du Moyen Âge de toutes confessions, Maimonide, Thomas d'Aquin ou encore Averroès restent imprégnés du récit religieux. Qu'ils soient juifs, chrétiens ou musulmans, c'est la même chose ; ils sont unis par un combat commun, celui de réfuter Aristote pour être fidèles au récit de la création selon les écritures saintes. Le problème, c'est qu'Aristote argumente. Chez lui tout se tient

* Un internaute a fait remarquer qu'il n'avait pas précisé le fuseau horaire choisi pour estimer la date et l'heure !

de manière raisonnable et cohérente. Aussi, pour contester l'éternité du monde, ses opposants doivent contester l'ensemble de ses raisonnements et, en fin de compte, toute sa physique, tout ce qu'il dit sur le temps, le mouvement…

Aristote avait lui-même déclaré qu'il n'avait pas *prouvé* l'éternité du monde ; que sa théorie, comme beaucoup d'autres, ne pouvait être *démontrée*, mais simplement acceptée comme très probable. Il se montrait ainsi conforme à l'essence même de la démarche scientifique, qui autorise, et même recommande, de contester autant que possible toute opinion, même la sienne propre. Aristote en était un précurseur.

Ses opposants se trouvaient ainsi dans leur bon droit : il est légitime de contester ce qu'énonce untel ou untel. Le problème, c'est qu'ils ne proposaient aucun fondement *rationnel* à leur contestation, aucun élément concret pour justifier les alternatives qu'ils présentaient, seulement la fidélité à un certain discours (celui des récits de la création). Ils se situaient en dehors de toute démarche scientifique. Or, quoi que l'on pense à ce sujet, croyant ou non, on peut reconnaître, il me semble *, une « raisonnable

* Pour parodier la « déraisonnable efficacité des mathématiques » invoquée par le physicien Eugene Wigner.

inefficacité du discours religieux dans les sciences de la nature ».

Cette inefficacité pourrait être anodine. En fin de compte, la mise à l'index du *De revolutionibus* de Copernic n'a pas empêché la diffusion de ses idées[1]. Mais la condamnation de Galilée et la mise au bûcher de Giordano Bruno (que l'Église n'a toujours pas réhabilité) sont loin d'être anodines, en revanche, et ne peuvent laisser indifférent. Plus tardivement, cette inefficacité prendra un autre tour, sous la forme du *concordisme* : l'effort de rendre compatible le récit religieux et les résultats scientifiques. Le créationnisme et l'*intelligent design* en biologie, le principe anthropique en cosmologie en sont les principales manifestations actuelles. Georges Lemaître, le père de notre cosmologie moderne, en a d'ailleurs fait les frais il y a un siècle : le soupçon de concordisme suscité par son statut de chanoine de l'Église catholique a fait obstacle à l'acceptation de ses travaux scientifiques.

Quoi qu'il en soit, l'évocation de l'âge de l'Univers dans un cadre scientifique ne peut être harmonisée avec le discours religieux et il faudra attendre le XXe siècle pour que la physique puisse aborder cette notion, qui n'a rien d'évident. Avant même de songer à l'estimer, il lui faudra en donner une définition cohérente. Or, contrairement à ce que peut suggérer un récit mythique de la genèse du monde, cela ne peut être « le temps qui s'est écoulé depuis la création de l'Univers ». D'une part parce que la notion de temps est inopérante en physique, comme nous le verrons au chapitre suivant[2], et particulièrement en cosmologie. En second lieu parce que, jusqu'à nouvel ordre, la physique ne peut parler de la création de l'Univers.

Bien entendu, pour que la discipline puisse évoquer l'âge de l'Univers, il faudra d'abord qu'elle dispose d'une notion claire de ce qu'elle entend par « univers ». Celle-ci ne se constituera qu'avec Newton, ce qui coïncidera avec la véritable naissance de la physique moderne.

Newton : espace et temps

La physique a besoin d'un cadre pour fonctionner, au sein duquel se déroulent les phénomènes qu'elle décrit. Avant Newton, personne n'avait pensé à formaliser cela. Lui va s'en charger et, comme à son habitude, il voit les choses en grand : ce cadre sera l'Univers tout entier, constitué de l'espace et du temps, toujours immuables. Il en énonce aussi les propriétés, détaillées un peu plus bas.

C'est dans le cadre de l'Univers ainsi défini que sa physique opère, que se situent les objets, qu'adviennent les événements et que se déroulent les histoires. Et c'est dans ce cadre de l'espace et du temps que sont formulées les lois qui régissent le comportement de la matière ; des lois qui vont permettre de déduire la position des objets dans l'espace, en fonction du temps écoulé (et d'autres paramètres, bien sûr) ; des lois qui vont engendrer, jusqu'au XXe siècle, une impressionnante panoplie de succès.

Quand Newton voit la pomme tomber, une idée très simple le frappe comme une révélation : les lois qui ont poussé cette pomme à tomber, ce sont celles de l'Univers tout entier. Il n'y a pas, comme le suggérait Aristote, des lois pour les étoiles et des lois pour les pommes, des lois sublunaires pour la Terre et d'autres, supralunaires, pour le cosmos. Cela nous paraît évident ; c'était révolutionnaire. Avant Newton, il n'y avait pas d'univers. Il y avait la Terre d'un côté, le cosmos de l'autre : deux mondes qui différaient par leurs compositions, leurs propriétés, les lois du mouvement qu'on leur appliquait. Dans le premier, tout était périssable et corruptible, tous les objets avaient un âge fini, une durée de vie. Dans le second, tout était considéré comme éternel et immuable.

C'est toute cette conception antique que Newton* a balayée en introduisant la notion d'univers unique, entièrement régi par les mêmes lois en chacune de ses parties. La force qui a poussé cette pomme à tomber est la même que celle qui pousse la Lune autour de la Terre et la Terre autour du Soleil.

L'essentiel de l'innovation newtonienne consiste en cette idée, en l'introduction de l'Univers, sous la forme de ce cadre que constituent l'espace et le temps. C'est ce cadre qui garantit l'universalité des lois de Newton, et c'est cette universalité qui fera le succès de la nouvelle physique. En renonçant à la notion aristotélicienne de deux mondes séparés, sublunaire et supralunaire, chacun régi par ses lois propres, la physique de Newton s'est emparée de l'Univers.

Géométrisation

Une des innovations qui a permis à la physique newtonienne de fonctionner si bien, c'est sans aucun doute la « géométrisation » de l'Univers. Celle-ci s'est révélée extraordinairement opérationnelle et reste omniprésente au niveau le plus profond de notre

* Kepler, Tycho Brahe, surtout Galilée et d'autres encore avaient déjà semé le doute, bien sûr. Mais Newton a porté le coup décisif.

physique contemporaine, au point qu'on peut la considérer comme indissociable de la notion d'univers[3]. Loin de s'arrêter à des questions de pure forme, la réflexion géométrique en cosmologie relativiste aboutit à une foule de notions fondamentales, dont celle d'âge de l'Univers, qui se définit comme l'une de ces caractéristiques géométriques, précisément.

L'importance accordée à la géométrie parmi les Hommes en quête des mystères de l'Univers n'est pas tout à fait nouvelle. La maxime platonicienne, placardée à l'entrée de son académie, était ainsi: « Que nul n'entre ici s'il n'est géomètre. » Elle sera reformulée en ces termes par Johannes Kepler dans son *Mysterium cosmographicum* (1596) : « La réalité sous-jacente du monde est géométrique. » Galilée aussi reprendra cette idée dans un passage resté célèbre (*Il Saggiatore*, 1623) :

« La philosophie est écrite dans ce grand livre qui est constamment ouvert devant nos yeux – je parle de l'Univers – mais nous ne pouvons le comprendre si nous n'apprenons pas d'abord à connaître la langue et les caractères dans lesquels il est écrit. Or il est écrit en langue mathématique, et ses caractères sont les triangles, les cercles, et d'autres figures géométriques sans lesquelles il est humainement impossible de comprendre un seul mot du livre. Sans elles, nous errons en vain dans un labyrinthe obscur.»*

Newton est issu de cette tradition. Ce sont d'abord les éléments constitutifs de son univers, l'espace et le temps, qu'il géométrise. Il ne dispose pas, à l'époque, de tout l'attirail qui permet de le faire de manière opérationnelle. Qu'à cela ne tienne, il inventera ce qui lui manque, ce que l'on appelle aujourd'hui le «calcul différentiel»!

Ce cadre newtonien nous semble aujourd'hui particulièrement simple. La scène est immuable: l'espace physique est assimilé au seul espace mathématique connu à l'époque, celui d'Euclide. Il n'a pas de frontière, il est d'extension infinie. La notion d'infini, dont Giordano Bruno s'était fait l'ardent défenseur, est enfin entrée dans la physique et dans la cosmologie[4]. Les théories newtoniennes l'incorporent à part entière.

Le temps s'écoule, toujours immuable. Il est décrit comme une droite, dont les points représentent les instants successifs. On remarque au passage que la conception newtonienne unifie les notions de temps et de durée: la durée qui sépare deux événements (une

* Précisons qu'il ne faut pas assimiler une description géométrique de l'Univers et de ses lois, telles que celle de la physique, à la conception d'une nature géométrique pour l'Univers.

naissance et une mort...) s'identifie au laps de temps écoulé entre ces deux événements, à la simple différence entre leurs dates. Cela paraît simple et évident. Pourtant, ce lien entre temps et durée a totalement disparu de la physique moderne (il reste bien sûr valable à notre échelle et constitue une approximation suffisante pour notre vie courante), et cette disparition est fondamentale dans notre quête de l'âge de l'Univers. Il faudra en tenir compte.

La cosmologie de Newton

Cosmogonie et cosmologie sont présentes dans les civilisations les plus antiques : réflexions et spéculations à propos de la nature de l'Univers, de son origine et de son destin, de la place que l'Homme y occupe. Mais que la *physique* puisse parler de l'Univers, qu'il existe une cosmologie physique, cela est beaucoup plus récent. Cela remonte précisément à Newton, encore une fois.

Avec le recul, la cosmologie de Newton apparaît relativement sobre. Ce que j'ai écrit plus haut résume à peu près tout ce que l'on peut dire de l'univers de Newton : sa structure est la plus simple possible. Il s'identifie au cadre immuable que forment l'espace et le temps. L'espace, toujours identifié à l'espace géométrique euclidien d'extension infinie, reste identique à lui-même. Le temps s'écoule toujours de la même manière... L'Univers dure depuis toujours. Il n'évolue pas. Il n'a pas de début; il n'a pas d'âge. Il ne présente guère de propriétés qui pourraient faire l'objet d'études particulières. La cosmologie newtonienne est réduite au strict nécessaire. Elle est presque squelettique dans son dépouillement, réduite à un cadre très mathématique.

Pendant plus de deux siècles, la discipline se consacrera à décrypter l'agencement de la matière dans l'Univers : la manière dont s'y distribuent planètes et étoiles d'abord, galaxies ensuite. C'était ainsi, au début, une étude de son contenu, plutôt que de l'Univers lui-même, qui semble sans histoire. Les objets qu'il contient (matière, rayonnements...) évoluent, naissent, se déplacent, se dégradent, disparaissent, meurent... Et tout cela était décrit dans le cadre géométrique universel. Mais ce cadre, lui, restait imperturbable. À l'échelle cosmique, tout demeurait identique. Dans la physique de Newton, l'Univers était un décor de théâtre.

C'est pourquoi la question de son âge ne se posait même pas. Pas d'âge de l'Univers, chez Newton. Son évocation viendra beaucoup plus tard. Petit à petit, les physiciens, Buffon en tête, évoqueront l'âge de la Terre, puis des autres astres. Mais il est encore trop tôt pour évoquer celui de l'Univers, autrement que dans le cadre du récit biblique. Il faudra attendre le XXe siècle et les théories relativistes d'Einstein pour que la question acquière sa pertinence.

Reste que cet univers newtonien sans histoire, unique, au sein duquel s'appliquent des lois universelles (gravitation), est un cadre maintenant bien défini : espace et temps constituent la scène sur laquelle se déroulent tous les phénomènes.

CHAPITRE 2

TEMPS ET ESPACE

L'Univers, défini comme le cadre de la physique, contient par définition tous les objets qui obéissent aux lois de la physique; tous les objets que peut considérer la discipline. Et il contient aussi tous les processus qui s'y déroulent. Le lecteur sera peut-être surpris de cette formulation, puisque l'idée de «contenir» évoque un objet situé dans une zone de l'espace, plutôt qu'un processus. Notre intuition n'associe pas spontanément la notion de contenu à l'idée d'évolution.

Cette manière de voir revient à analyser la physique dans le cadre de *l'espace-temps.* Il n'est pas habituel de présenter ainsi la physique newtonienne, et ce n'est nullement obligatoire. Mais cela le devient quand on aborde la physique relativiste, et plus particulièrement la cosmologie relativiste. L'introduction de cet anachronisme pour aborder la physique newtonienne permet de s'habituer au langage relativiste, de faciliter la transition en définissant dès à présent un « espace-temps newtonien » dont certaines des propriétés vont préfigurer celles de l'espace-temps relativiste.

Nous sommes habitués à considérer qu'un objet est localisé dans l'espace. Or, il vaut mieux parler de localisation dans l'espace-temps.

Précisons ! Car c'est capital.

Je déclare : « Cette chaise est située dans mon bureau. » Je ne veux pas dire qu'elle y est de tout temps. Hier, elle était dans la cuisine. Ma déclaration fait en réalité allusion, implicitement, à *la chaise maintenant*, et c'est plutôt *la chaise maintenant* dont je puis dire qu'elle est dans mon bureau, qui lui-même n'est pas tout à fait identique à ce qu'il était l'année dernière (quelques travaux d'agrandissement). Et nous voilà avec une formulation certes moins naturelle, mais plus complète : *la chaise maintenant* est contenue dans *l'espace maintenant*.

Mais je voudrais situer la chaise d'une manière générale, et non pas « la chaise maintenant ». Ce souhait m'oblige à considérer de manière globale tous les emplacements qu'elle a occupés successivement, à tous les instants de son histoire : maintenant dans mon bureau ; hier dans la cuisine ; avant-hier chez l'ébéniste... Je voudrais appréhender toute cette information d'une manière globale. Eh bien, c'est précisément la possibilité qu'offre la notion d'espace-temps.

Je vais noter E_t l'espace à l'instant *t*. Je dissocie ainsi $E_{aujourd'hui}$, E_{hier}, etc., dans lesquels prend place la chaise aujourd'hui, la chaise hier, etc. Et j'appelle « espace-temps » (ici l'espace-temps newtonien) la collection, la réunion, de toutes les versions E_t de l'espace à tous les instants (pour toutes les valeurs de *t*). Je vais considérer cette collection comme une entité géométrique, un empilement; sans aucune allusion, pour le moment, aux théories relativistes, en restant dans le cadre de la physique newtonienne.

Je peux voir chaque espace à chaque instant, chaque E_t, comme la page d'un livre. Ce livre, c'est l'espace-temps. Chaque page du livre est numérotée. Chaque tranche spatiale E_t de l'espace-temps est numérotée par la date *t* qui la caractérise.

Je viens d'introduire l'espace-temps de la physique newtonienne, constitué par l'empilement des tranches spatiales E_t à tous les instants, indexé selon le temps. (Dans les théories relativistes, la notion d'espace-temps subsistera, mais on ne pourra plus le considérer comme un empilement temporel de tranches spatiales.)

À chaque instant *t* de son histoire, ma chaise a occupé un point précis de E_t, l'espace à cet instant.

La réunion de tous ces points, qui marquent les emplacements de la chaise à tous les instants, un sur chaque page du livre, dessine une ligne continue qui parcourt l'épaisseur du livre : je l'appelle la « ligne d'univers » de la chaise. Si les pages du livre étaient transparentes, je pourrais embrasser cette ligne d'un seul coup d'œil, dans son ensemble. Sinon, en feuilletant rapidement les pages, j'acquiers l'idée du développement temporel de la ligne, rendu comme par un dessin animé selon le principe du « *flip-book* ».

La ligne d'univers de la chaise représente d'un seul coup l'ensemble, la succession de toutes les positions qu'elle a occupées dans l'espace-temps, à tous les instants : autrement dit, elle représente l'intégralité de son histoire. Ainsi, parler de la chaise, ou d'un objet en général (et non pas de l'objet à tel moment spécifié), c'est parler de son histoire : d'une ligne * et non d'un point. Il en est ainsi pour chaque objet de l'Univers : une particule élémentaire, une étoile, une galaxie, moi-même, vous-même… Chacun de nous est une ligne dans l'espace-temps, sa ligne d'univers.

* Ou plutôt une portion de ligne qui débute (le cas échéant) à sa création, et se termine à sa disparition.

Tout événement correspond à un point de l'espace-temps. Tout processus, toute histoire, correspond à une ligne ; une ligne située dans l'espace-temps.

Retenez cette vision des choses : l'Univers, c'est l'espace-temps. Un objet, c'est une ligne, ou un morceau de ligne depuis son apparition jusqu'à sa disparition. En physique relativiste, la situation est analogue : tout objet se décrit comme une portion de ligne contenue dans l'espace-temps. Deux différences, cependant : dans la physique relativiste, cet espace-temps possède lui-même une certaine forme (il est « courbe »), alors qu'il était tout plat chez Newton ; enfin, il ne peut plus être feuilleté comme un livre.

En physique newtonienne comme en physique relativiste, un segment de ligne a toujours une durée bien définie et, dans un cas comme dans l'autre, la durée est ce qu'indique la montre, l'horloge, dont l'histoire est décrite par ce segment. Ce qui distingue ici les deux visions du monde, c'est que la physique newtonienne rattache cette notion de durée à la notion de temps, alors qu'un tel lien disparaît totalement en physique relativiste. Or, la physique relativiste étant, des deux, la seule qui décrit certains aspects de la réalité, il faut déduire en toute rigueur que temps et durée ne se confondent pas dans le monde réel. Dans le cadre relativiste, en l'absence de temps, nous serons obligés de définir la notion d'âge de l'Univers à partir de la notion de durée.

Universalité

La notion d'« univers » ne va pas de soi. Ce qui justifie le terme, plutôt que celui de « monde », c'est l'« universalité ». Simple lapalissade ? Il n'est peut-être pas superflu d'insister, de rappeler ce que cela signifie, particulièrement à une époque où certains croient pouvoir évoquer d'« autres univers ».

L'introduction explicite de la notion d'univers par Newton est peut-être l'innovation la plus fondamentale de sa démarche ; elle constitue le fondement de la physique moderne, puisque l'essence de cette discipline consiste à dégager des lois... universelles. Ce furent chez Newton celles de la gravitation, de la cinématique et de la dynamique, qu'il introduisit explicitement. Plus tard viendront celles de l'électromagnétisme, de la physique quantique, etc. Mais au-delà de leurs formulations spécifiques (qui seront d'ailleurs modifiées par la suite), c'est leur caractère universel que je veux souligner. Or, cette universalité est garantie par la notion d'univers, qui se révèle ainsi indispensable à la physique.

Pas de physique sans lois universelles censées gouverner le comportement du monde toujours et partout; autrement dit, précisément... dans l'Univers. C'est une innovation, car cela contredit par exemple la séparation aristotélicienne, en vigueur jusqu'à Galilée, entre le monde sublunaire (la Terre et son atmosphère) et le monde supralunaire (le ciel). Si par exemple nous comprenons aujourd'hui ce qui se passe au sein d'une étoile, c'est parce qu'on y applique les lois de l'électromagnétisme, de la gravitation, de la physique atomique et nucléaire; ces lois universelles dont nous avons établi et testé les propriétés sur notre planète et qui fonctionnent aussi bien à la surface du globe qu'au cœur du Soleil, puisque, justement, elles sont universelles. C'est cette conviction qu'elles sont universelles qui nous autorise à les appliquer à l'étoile. Renoncer à l'universalité, ce serait tout simplement renoncer à la physique, à l'astrophysique, à la cosmologie.

Unicité

Tout objet, tout système dont parle la physique, doit obéir aux lois universelles: celles du mouvement (cinématique et dynamique), celles qui gouvernent son évolution, ses interactions avec la lumière, avec les autres objets... Si je peux observer certaines propriétés d'une galaxie lointaine, c'est parce qu'elle interagit avec moi, l'observateur, par exemple en m'envoyant de la lumière: elle et moi (et, bien entendu, également le photon qui nous relie) sommes soumis aux mêmes lois, ici celles de l'électromagnétisme, essentiellement. Tout ce qui relève de la physique, tout ce qui existe physiquement, est sujet à ces lois et appartient par définition à l'univers physique.

Rien ne peut donc lui être extérieur. Il n'a pas d'extérieur. L'Univers s'identifie au cadre qui contient tous les objets qui obéissent aux lois universelles de la physique. Il en résulte tout naturellement que, du point de vue de la physique en tous cas (et de la cosmologie qui en fait partie), l'Univers ne peut qu'être unique. Tout ce qui existe du point de vue de la physique* – matière, rayonnements, énergie… – y réside.

* Notons que ce qui est censé « exister » peut différer d'une conception de la physique à une autre: espace et temps existent selon la physique newtonienne. Ce n'est plus le cas dans la physique einsteinienne d'aujourd'hui, où le constituant géométrique de l'Univers est devenu l'espace-temps; des corpuscules identifiés et localisés existent selon la physique newtonienne; mais pas selon la physique quantique qui remplace cette notion par celle d'« états quantiques ». Voir Lachièze-Rey M., *Au-delà de l'espace et du temps: la nouvelle physique*, Paris, Le Pommier, 2008.

Autres univers : un oxymore ?

N'en déplaise aux amateurs de science-fiction, ceci exclut très directement la possibilité d'« autres univers », d'univers multiples, parallèles ou non. La physique ne peut en aucun cas s'accommoder de telles idées. Les évocations que l'on peut trouver dans la littérature, qui jouissent aujourd'hui d'une certaine faveur, se révèlent au mieux des abus de langage.

Dans les cas les plus courants, elles désignent des parties très éloignées de notre univers, de l'espace-temps ; les physiciens, entre eux, les qualifient parfois « d'autres univers » car elles ne sont pas connectées, ou très peu, à la partie que nous occupons. La cosmologie la plus conventionnelle considère elle-même qu'il existe de telles portions lointaines de l'espace-temps, si éloignées qu'elles ne peuvent avoir aucune influence sur ce qui se passe ici ; nous ne pouvons d'aucune manière les observer car elles se situent trop loin pour qu'un signal d'une quelconque nature ait eu le temps de nous parvenir. Elles sont à l'extérieur de ce qui est pour nous la partie observable de l'espace-temps, celle que nous qualifions précisément d'« univers observable ». Cette frontière entre partie observable et partie non observable est appelée l'« horizon cosmologique ».

Aucun modèle, aussi simple soit-il, ne suppose que l'Univers se réduise à sa partie observable. Aucun modèle n'exclut l'existence, dans notre univers, de parties inaccessibles aux observations. Depuis quelques années, une mode est apparue qui consiste à vouloir les qualifier d'« autres univers ». Ce serait un peu comme vouloir qualifier d'« autres terres » les zones encore inexplorées de notre planète, s'il en restait. Un aimable abus de langage, souvent trompeur pour le profane.

La cosmologie « standard », par le biais du principe cosmologique, suppose ces autres régions de notre univers semblables à la partie observable : l'espace est homogène ; aucune de ces régions ne se distingue des autres, et en particulier pas la nôtre. Une manière de déclarer que nous n'occupons pas une position privilégiée dans l'Univers, qu'un créateur aurait par exemple pu choisir pour assurer notre destinée.

Rien ne suggère que nous devrions abandonner ce principe cosmologique. Rien non plus ne prouve rigoureusement sa validité. Ces parties lointaines étant inaccessibles à toute observation, il restera à jamais impossible de certifier qu'elles sont semblables à la nôtre, ni d'ailleurs qu'elles ne le sont pas. L'argument de simplicité suggère qu'elles ressemblent toutes à la nôtre, voilà tout. Mais chacun est libre d'imaginer ce qu'il veut au gré de sa fantaisie. La physique ne viendra jamais le démentir. Vous pouvez les imaginer peuplées d'autres espèces de particules, soumises à de nouvelles formes d'interactions, à des lois physiques différentes... Faites votre choix: vous aurez inventé un «autre univers».

Mais cela n'aura jamais aucune incidence sur quelque phénomène que ce soit de *notre* région de l'Univers, cela ne sera jamais observable. Il existe à foison de tels univers inventés. Chaque roman, chaque film en propose. Mais tout ceci n'a rien à voir avec la physique, ou avec la cosmologie physique.

La majorité des évocations d'autres univers que l'on trouve dans la littérature désignent ainsi des parties de notre Univers, éventuellement très éloignées, mal connectées... De simples abus de langage, en somme, qui entretiennent malheureusement une certaine confusion, un piège qu'avaient pourtant déjà su éviter des penseurs tels que Giordano Bruno, avant même la formalisation newtonienne de la notion d'univers.

La physique quantique est venue compliquer la donne. Voici un siècle que cette discipline existe et les physiciens n'en ont toujours pas trouvé d'interprétation satisfaisante. Parmi de nombreuses propositions, l'une, avancée au milieu du XXe siècle par le physicien

Hugh Everett, est souvent évoquée sous l'appellation d'« univers multiples » : certains processus, que l'on qualifie de « mesures », ou de « réductions », donneraient lieu à une scission de l'Univers en plusieurs branches. Cela impliquerait que, à chaque instant (de très nombreuses fois chaque seconde), l'Univers se scinderait en une infinité d'« autres univers », et vous avec*.

Vous pouvez être prêt à admettre l'idée que des milliards de versions différentes de vous-même apparaissent chaque seconde, mais malheureusement les différentes variantes de cette vision, aussi sophistiquées soient-elles, ne règlent pas le principal problème de la physique quantique : celui de savoir ce que l'on entend par « mesure » ou « réduction » ; ni de quelle manière et dans quelles circonstances cette réduction se déroulerait. Plus grave, ces modèles sont en désaccord avec les lois des probabilités quantiques observées[1].

---

* Les « autres univers » ne sont qu'une manière de présenter l'interprétation d'Everett, ou celles qui lui sont apparentées. Les analyses modernes et rigoureuses de cette interprétation donnent toutes un rôle prépondérant aux observateurs, voire aux « états de conscience » des observateurs ; voir par exemple ZWIRN H., « *The Measurement Problem : Decoherence and Convivial Solipsism* », *14th annual international symposium Frontiers of Fundamental Physics* (FFP14), Marseille, France, 2014.

La confusion devient encore plus totale lorsque ces spéculations sont mélangées avec les précédentes. Certains philosophes s'amusent avec cette idée : pourquoi ne pas baptiser d'autres univers et considérer comme réels tous ceux que nous créons dans nos romans, dans nos rêves, dans notre imagination...[2] ? Mais, là encore, nous sommes loin de la physique et de la cosmologie (quantique ou non) !

Insistons une dernière fois : cette unité-globalité de l'Univers constitue le fondement de la physique et de la cosmologie. Elle exprime la cohérence épistémologique qui garantit le bien-fondé scientifique de son approche : ce qui existe en physique, c'est ce qui fait partie de l'Univers ; ce qui possède des propriétés (alors qualifiées de « physiques ») susceptibles d'être mesurées ou d'influencer le comportement d'autres objets. Et elle constitue bien sûr un préalable à la notion d'âge de l'Univers.

La physique ne peut opérer sans la notion d'univers. Mais la manière dont elle l'envisage se modifie avec les progrès de la discipline.

CHAPITRE 3

ESPACE ET GALAXIES

Au début du XXe siècle, la physique a vécu une nouvelle révolution. Pour ce qui concerne le monde « macroscopique », c'est-à-dire notre échelle et les échelles plus élevées, celles de l'Univers, la vision newtonienne du monde a été remplacée par la vision einsteinienne, dite relativiste. La notion d'univers subsiste, plus que jamais. Il demeure le cadre de la physique, mais il n'est plus décrit comme constitué de l'espace et du temps. Il devient un espace-temps : pas l'espace-temps newtonien que nous avons mentionné, mais un objet physique d'une nouvelle nature, muni de propriétés originales, décrites de manière géométrique.

Ces propriétés influencent le comportement de la matière, de la lumière ; il est possible de les appréhender, de les mesurer. Cela donne un nouvel essor à la cosmologie. Devenue relativiste, elle prendra toute son ampleur en se focalisant sur ces propriétés de l'Univers, de l'espace-temps ; en les caractérisant, en les définissant, en tentant de les déterminer. Toute la cosmologie moderne, depuis un siècle à peu près, se consacre à leur étude. Elles sont énoncées géométriquement car les caractéristiques de l'espace-temps, de l'Univers, sont exprimées dans cette discipline mathématique. L'âge de l'Univers en fait partie.

Une telle approche n'était pas assurée, *a priori*, de rencontrer le succès. Mais elle s'est révélée pertinente d'une manière qui a surpris les physiciens et les cosmologues eux-mêmes. Elle a été consacrée par la découverte de l'expansion de l'Univers, que l'on peut considérer comme le fondement observationnel de notre cosmologie actuelle. Le point capital de cette découverte, c'est que les astronomes ont pu en mesurer le taux (actuel), que l'on appelle « constante de Hubble-Lemaître » (notée H_0), l'important n'étant pas tant la valeur exacte de cette grandeur (dont nous reparlerons !) que le fait qu'il s'agissait de la première mesure d'une propriété de l'Univers lui-même ! De l'Univers, et non pas de tel ou tel objet qu'il contient : la constante de Hubble-Lemaître n'est pas une propriété des galaxies, même si c'est par l'intermédiaire de leurs observations qu'elle a pu être mesurée. C'est bien une propriété de l'Univers lui-même, dans sa globalité.

L'expansion confirme ainsi la pertinence de la cosmologie scientifique. Elle révèle que l'Univers possède bien au moins une caractéristique propre ; mesurable puisque mesurée. Cela lui confère le statut d'objet physique légitime, et à la cosmologie celui de science observationnelle, non pas seulement théorique ou conceptuelle, ce qu'elle avait longtemps été. D'autres propriétés furent déterminées plus ou moins directement par la suite. L'âge de l'Univers en fait partie. Après trois prix Nobel de physique dans les dernières décennies, la cosmologie est aujourd'hui considérée comme une « science observationnelle de précision ».

Les prémices de notre cosmologie

La physique évolue ; la cosmologie aussi.

Notre cosmologie actuelle est bien différente de celle de Newton. Entre les deux, une révolution a eu lieu, qui s'est mise en place dans la première moitié du siècle passé. C'est une convergence heureuse qui l'a rendue possible : d'un côté, une panoplie de résultats d'observations, qui n'a cessé d'être alimentée jusqu'à aujourd'hui ; de l'autre, l'innovation théorique capitale que représente l'introduction de la relativité générale d'Einstein. Le physicien belge Georges Lemaître, en réussissant la synthèse de ces deux piliers, est le fondateur de notre cosmologie moderne, aujourd'hui décrite par les modèles de Big Bang.

Il faudrait sans doute évoquer un troisième pilier, celui de la métaphysique, ou si l'on préfère de la philosophie, nécessaire pour légitimer les notions subtiles autour de celle d'univers... Comme le disait Einstein lui-même: « Je ne suis pas vraiment un physicien, mais un philosophe et même un métaphysicien[1]. »

Toutes les propriétés pertinentes et intéressantes de notre cosmologie dérivent du fait qu'elle se fonde sur la relativité générale, et non plus sur la physique newtonienne. En particulier l'âge de l'Univers. Pourtant, une tradition s'est mise en place dans les discours vulgarisés qui consiste à décrire la cosmologie actuelle, par exemple les modèles de Big Bang, sans utiliser, ou très peu, les notions de la relativité générale; et de proposer plutôt un discours sur l'Univers articulé autour des notions habituelles d'espace et de temps, en déclarant par exemple que l'expansion cosmique représente « une croissance de l'espace avec le temps »; ou bien que « 13 milliards d'années de temps se sont écoulées depuis le début de l'Univers »... Ces formulations expriment certaines caractéristiques du récit cosmique d'une manière conforme à notre intuition. Mais, d'un point de vue strict, elles sont inexactes; elles sont parfois trompeuses et n'ont souvent aucun sens. Je naviguerai dans cet ouvrage entre de telles expressions familières à nos intuitions et des notions plus strictes, conformes à notre physique contemporaine.

Observations cosmologiques

Nos prédécesseurs de l'Antiquité observaient le ciel à l'œil nu. Ils y distinguaient planètes et étoiles. Mais leurs moyens d'observation réduits ne leur permettaient pas de déterminer leur répartition, leurs trajectoires, de comprendre la structure du cosmos qui les abritait. Les choses ont amplement évolué. L'astronomie a progressé en apprenant d'abord à estimer les éloignements des objets célestes. La mise au point graduelle de divers instruments de visée, puis l'invention de la lunette et son utilisation par Galilée, l'invention du télescope, de la photographie et de la spectroscopie ont permis une compréhension graduelle de la géographie (ou plutôt de la cosmographie) de notre Univers ; d'abord celle du Système solaire, puis de notre Galaxie et des autres, du moins les plus proches. Pour le reste, il a fallu attendre le XXe siècle, avec sa panoplie d'innovations technologiques : détecteurs, électronique, informatique, fibres optiques... et surtout la possibilité d'observer l'Univers directement depuis l'espace[2].

Le XVIIe siècle avait fait rentrer astronomie et cosmologie dans le cadre de la physique newtonienne :

espace infini, temps immuable. Les estimations graduelles des éloignements des étoiles se sont par la suite précisées laborieusement. Elles ont permis d'établir que la distribution des étoiles visibles dessine un vaste rassemblement, celui de notre Galaxie, la *Voie lactée* : une île de matière dans un espace infini. Cette dernière semblait constituer la totalité de l'extension de l'univers matériel au sein de l'espace newtonien sans limite. De plus en plus précises, les observations ont petit à petit changé la donne : à la charnière des XIXe et XXe siècles, les efforts se sont consacrés à établir les dimensions de cette Galaxie, sa forme, la situation qu'y occupe le Soleil. Sur toutes ces questions, les débats furent intenses et les controverses virulentes car les observations semblaient se contredire.

Le parsec

Estimer l'éloignement d'un astre est la tâche première de l'astronomie. Comme c'est également crucial pour évaluer l'âge de l'Univers, je me vois ici tenu d'en dire un mot.

La méthode la plus directe s'appelle la « parallaxe ». Observons une même étoile depuis deux points terrestres différents séparés par une distance B, que l'on appellera « la base ». Depuis chacun des points, au même instant, un observateur mesure l'angle entre la direction de l'étoile et la verticale en ce point. Cela nous fournit, avec la base B, trois éléments d'un triangle, dont la reconstitution permet d'estimer la distance de l'étoile. Cette méthode de triangulation est bien connue des navigateurs. Elle est en principe parfaite, mais l'imprécision des mesures d'angles, et la limitation de la longueur de la base aux dimensions de notre planète, ne permettent de l'appliquer qu'aux étoiles proches. Plus tard, les astronomes utiliseront la ruse : ils effectueront leur mesure à six mois d'intervalle, alors que l'emplacement de la Terre s'est déplacé du diamètre de l'orbite terrestre ; cette augmentation considérable de la base fournit une « parallaxe annuelle », qui permet une précision bien meilleure. C'est l'astronome allemand Friedrich Wilhelm Bessel qui effectua en 1838 la première mesure de parallaxe d'une étoile : 0,34 seconde d'arc pour l'étoile 61 Cygni, ce qui donne une distance d'une dizaine d'années-lumière. Mais ce sera surtout l'utilisation de télescopes embarqués dans des satellites qui permettra d'atteindre des valeurs de B bien supérieures, et d'améliorer ainsi considérablement l'efficacité de la méthode. Il faudra bien entendu pour cela attendre la fin du XXe siècle : les missions spatiales *Hipparcos* puis *Gaia* ont permis d'obtenir aujourd'hui plus d'un milliard de parallaxes d'étoiles.

Toujours est-il que la méthode a donné son nom à l'unité de distance utilisée en astronomie : le *parsec*, abrégé en *pc*, désigne l'éloignement d'une étoile pour laquelle la différence entre les angles, que l'on appelle la *parallaxe*, précisément, vaut une seconde d'arc. Un parsec vaut ainsi environ 3,26 années-lumière ; ce qui veut dire que la lumière met 3,26 ans pour parcourir une distance de 1 parsec. Le méga-parsec, Mpc, représente un million de parsecs ; c'est l'ordre de grandeur de la distance qui sépare les galaxies dans l'Univers.

Pour une étoile trop éloignée, la méthode de parallaxe est inapplicable. L'idée consiste alors à repérer deux étoiles aux caractéristiques identiques. On peut penser raisonnablement qu'elles ont la même luminosité ; auquel cas, le rapport de leurs éclats, mesurable par photométrie, égale le carré du rapport de leurs éloignements, selon les lois simples de l'optique. Si l'on connaît l'éloignement de la plus proche, estimé par exemple selon la méthode des parallaxes, on déduit celui de la seconde. Bien entendu, deux étoiles ne sont jamais strictement identiques, et il faut amender la méthode. Mais le principe demeure et la quasi-totalité des estimations de distances d'étoiles, et d'astres en général, sont fondées sur des variantes de cette méthode, appliquée en plusieurs étapes, si bien que l'on parle de l'« échelle des distances ». Ceci est d'une importance capitale car tout le décryptage de la géographie de l'Univers repose sur de telles estimations de distances, et c'est la plupart du temps à partir de ces dernières que sont établies les estimations de durées*, notamment celles qui serviront à établir la valeur de T_U. En général le premier échelon implique des étoiles céphéides (voir plus loin), que le télescope Hubble a permis de mesurer dans des galaxies jusqu'à 25 Mpc, et les indicateurs secondaires sont calibrés à partir de celles-ci.

Des univers-îles

Aux yeux des astronomes de la fin du XIXe siècle, toutes les étoiles répertoriées semblent appartenir à notre galaxie, la Voie lactée, et celle-ci semble bien constituer la totalité de l'univers matériel. Au-delà

* La notion de distance n'est pas vraiment bien définie en relativité générale, et par conséquent en cosmologie. Pour un objet éloigné dans l'Univers, la notion même perd de son sens. Les cosmologues et les astrophysiciens s'en tirent en définissant différentes notions pratiques qui jouent le rôle de la distance (voir Lachièze-Rey M., *Initiation à la cosmologie*, Paris, Dunod, 2020). Pour des objets proches, elle se confondent toutes avec la distance usuelle en physique newtonienne, comme dans la vie ordinaire. Mais leurs caractéristiques sont bien différentes; et pour un objet (lointain) donné, leurs valeurs peuvent différer énormément.

règne apparemment le vide. Mais quelques penseurs ont suggéré que d'autres rassemblements de matière pourraient exister très loin de nous : des univers-îles.

Perdu sur un petit îlot, je vois la mer qui s'étend tout autour de moi. Je pourrais en conclure naïvement qu'elle s'étale ainsi jusqu'à l'infini ; en ignorant la présence d'autres îles, de continents, invisibles car très éloignés, au-delà de l'horizon. Perdus dans notre galaxie, nous voyons le vide tout autour de nous. Conclusion pareillement naïve : l'extension de l'univers matériel ne dépasse pas notre galaxie. Pourtant cela n'exclùt pas la présence de matière très lointaine, trop éloignée pour que nous puissions l'observer ; d'étoiles inobservables car trop distantes, peut-être rassemblées elles aussi en structures similaires à notre galaxie, en univers-îles ?

Cette hypothèse est développée par quelques penseurs, philosophes et astronomes, à la fin du XVIIIe siècle : l'anglais Thomas Wright (1711-1786), l'alsacien Jean-Henri Lambert (1728-1777), et surtout le philosophe allemand Emmanuel Kant (1724-1804) dans son *Histoire générale de la nature et théorie du ciel* (1775). Malgré la limitation de leurs moyens d'observation, ils considèrent la Voie lactée comme un gigantesque amas d'étoiles parmi d'autres, éparpillés dans un très vaste univers.

À partir de Kant, beaucoup d'astronomes reprennent et discutent cette hypothèse des univers-îles. C'est le cas en particulier de William Herschel (1738-1822) et de Pierre-Simon de Laplace (1749-1827) qui la vulgarise dans son *Exposition du système du Monde*. Mais tant que les observations ne dévoilent rien, tout cela est considéré comme de la spéculation pure. Le consensus est alors celui-ci: l'espace est certes infini, comme le déclare Newton, mais l'extension spatiale de l'univers *matériel* se limite à notre galaxie.

La contradiction viendra de l'observation des *nébuleuses spirales*. Les nébuleuses avaient été recensées par Charles Messier (1730-1817). En 1784, il dénombrait une centaine de ces «objets de nature indéterminée». William Herschel en référencera finalement plus de deux mille, un large catalogue que son fils John complétera encore avec ses observations dans l'hémisphère sud. Herschel s'intéresse plus précisément aux nébuleuses spirales, que Pierre-Simon de Laplace interprétait comme des nuages de gaz. Cette interprétation nuageuse ne sera rectifiée qu'au début du XXe siècle.

L'Arizona des nébuleuses

Dans les années 1870, le directeur de l'observatoire de Milan, Giovanni Virginio Schiaparelli (1835-1910), observe la planète Mars au télescope. Il y décèle de grandes traces rectilignes, qu'il baptise *canali*, «canaux». Les astronomes découvriront plus tard leur origine géologique mais le mot *canali* évoque immédiatement une construction artificielle, ce qui engendrera le mythe d'une civilisation avancée occupant la surface de la planète rouge. Ainsi, les martiens si répandus dans la science-fiction sont nés d'une petite erreur de vocabulaire; tandis que leur caractère belliqueux était déduit de la couleur de l'oxyde de fer martien rouge, qui évoquait celle du sang.

Quel rapport avec les nébuleuses? Eh bien, aux États-Unis, le milliardaire américain Percival Lowell avait été particulièrement impressionné par ces résultats. Convaincu de l'existence d'une vie martienne, il fit construire, à la fin du XIXe siècle, un observatoire privé à Flagstaff, en Arizona, afin de mieux y observer la planète qui le fascine. En 1897, il y installe ainsi une lunette de 61 cm de diamètre et même un spectrographe en 1900. Et, pour l'aider à manipuler tout cet appareillage aussi complexe que coûteux, Lowell engage à cette époque le jeune astronome Vesto Melvin Slipher (1875-1969). Seulement, loin de cantonner ses investigations aux planètes, ce dernier s'intéresse aux nébuleuses spirales. Il mesure leurs spectres et estime en particulier leurs décalages spectraux qu'il interprète, selon les lois de l'effet Doppler, comme une indication de leur vitesse.

Vous avez sûrement remarqué que vous percevez différemment le son d'une sirène d'ambulance selon qu'elle se rapproche ou qu'elle s'éloigne de vous : dans le premier cas, la tonalité perçue monte, la sirène devient plus aiguë ; dans le second, la tonalité perçue baisse, la sirène devient plus grave. Et si vous avez eu le malheur de faire un trajet en ambulance toutes sirènes hurlantes, vous avez peut-être noté que le son ne se modifie pas du tout pour les passagers. C'est ce que l'on appelle l'effet Doppler : la modification de la fréquence d'une onde en fonction de la vitesse relative entre l'émetteur et le récepteur.

La lumière se propage à la vitesse invariable de c = 299 792 458 m/s. Les lois de l'effet Doppler indiquent que sa fréquence (autrement dit sa couleur) sera perçue, par un observateur, décalée vers le rouge si la source de lumière s'éloigne de lui, vers le bleu si elle se rapproche. Le décalage relatif est donné par la formule très simple $z = v/c$ en physique newtonienne, où v est la vitesse relative entre source et observateur. Elle est modifiée en physique relativiste mais reste approximativement correcte, du moment que v est très inférieure à c.

La nébuleuse la plus facile à observer est celle d'Andromède, car c'est la plus brillante. Après plusieurs efforts, Slipher en a établi le spectre en 1912. Les décalages spectraux mesurés indiquaient que la nébuleuse se rapprochait de nous à une vitesse de 300 km/s, une valeur plutôt élevée.

En 1914, après avoir mesuré les vitesses des quatorze nébuleuses les plus brillantes, il fut donc stupéfait des valeurs obtenues : jusqu'à 1 100 km/s, du jamais vu ! Bien supérieur aux vitesses des étoiles dans notre galaxie !

Il s'étonna aussi du fait que la majorité d'entre elles s'éloignaient très rapidement de nous : sur les quatorze, seules trois se rapprochaient. Cette même année, il annonça ses résultats au congrès de l'American Astronomical Society : les vitesses des nébuleuses sont en moyenne vingt-cinq fois plus élevées que celles des étoiles de notre galaxie. Les astronomes de l'audience, éberlués, l'acclamèrent pour ses résultats révolutionnaires. Un jeune astronome encore en formation, nommé Edwin Hubble, assistait à cette réunion. Il n'en perdit pas une miette !

En 1916, Slipher avait mesuré vingt-quatre décalages de nébuleuses. Il poursuivit ensuite ses travaux jusqu'à en avoir mesuré trente-et-un[3]. Cherchant à interpréter ses résultats, il finit par se convaincre que des vitesses si élevées ne permettaient pas aux nébuleuses de rester confinées au sein de notre galaxie : il les voyait plutôt à l'extérieur, très éloignées ; peut-être les fameux univers-îles évoqués par Kant, dont l'hypothèse fut ainsi ravivée. Une question cruciale se posait alors aux astronomes : les nébuleuses sont-elles ou non à l'intérieur de notre galaxie, la Voie lactée ?

Les dimensions de notre galaxie étaient alors en cours de calcul et les distances des nébuleuses encore inconnues. Tout ceci fit l'objet d'un « grand débat » au sein de la communauté des astronomes autour de l'année 1920. Argument contre argument, la situation était particulièrement difficile car certains résultats d'observation étaient mal interprétés en raison, entre autres, de l'insuffisance des connaissances sur la nature des étoiles et de la difficulté à estimer leurs distances. D'un côté, Harlow Shapley, astrophysicien américain, soutenait l'opinion orthodoxe : notre galaxie constitue la totalité de l'univers matériel. De l'autre, Heber Curtis, astronome du même pays, se plaçait du côté de l'idée des univers-îles. C'est en ces termes que se posait le « grand débat » : galaxie isolée contre univers-îles. Et c'est l'astronome américain Edwin Hubble (1889-1953) qui allait trancher, en 1924.

Céphéides et fluide cosmique

En 1919, Hubble a renoncé à ses études de droit pour se consacrer à l'astronomie. Il arrive à l'observatoire du mont Wilson où vient d'être mis en service le télescope Hooker de 250 cm de diamètre, alors le plus grand du monde. Il s'intéresse à un type particulier d'étoiles géantes, de couleur bleue, appelées céphéides. La luminosité d'une céphéide varie périodiquement, d'une manière caractéristique qui s'explique par les pulsations de l'étoile elle-même*. L'astronome américaine Henrietta Swan Leavitt (1868-1921) avait montré sept ans plus tôt une propriété cruciale de ces étoiles: leur période de variation est liée à leur luminosité absolue; plus elles sont brillantes, plus leur période est longue. Ainsi, l'observation minutieuse des variations d'éclat d'une céphéide, de manière à établir sa période, permet de connaître sa luminosité *absolue* (les astronomes parlent plutôt de « magnitude absolue »). En la comparant à sa brillance (ou magnitude) *apparente*, celle que l'on mesure au télescope, on pouvait ainsi en déduire son éloignement. Comme les céphéides sont très brillantes, on peut les observer

* On classe les étoiles variables suivant leur période de pulsation: étoiles de type RR Lyrae (période inférieure à 0,3 jour), céphéides (de 0,3 jour à 100 jours), type Mira Ceti (de 100 à 500 jours).

jusqu'au-delà de notre galaxie. Hubble va s'attacher à identifier puis à observer méticuleusement des céphéides dans les nébuleuses spirales, de manière à estimer leur éloignement.

La révélation viendra cinq ans plus tard.

À la suite de ses minutieuses observations, Hubble annonce en 1924 avoir estimé l'éloignement de plusieurs nébuleuses spirales, dont celle d'Andromède. Il a montré définitivement qu'elles se situent en dehors de notre propre galaxie. Ce sont elles-mêmes d'autres galaxies, analogues à la nôtre : les fameux univers-îles de Kant. Les observations de Hubble, en tranchant le grand débat, annoncent ainsi une nouvelle ère de la cosmologie. La notion même d'âge de l'Univers en découlera.

Après la révolution héliocentrique qui expulsa l'Homme du centre du cosmos, une nouvelle révolution s'abattait sur l'humanité : la Terre tourne autour d'une étoile quelconque appartenant à une galaxie parmi d'autres. Une nouvelle vision du monde se met alors en place : le contenu matériel et énergétique de l'Univers ne se borne plus à occuper les quelques dizaines de kiloparsec (1 kpc = 1 000 pc) de notre galaxie. Il se présente comme un véritable « fluide cosmique », dont les molécules s'identifient aux autres galaxies, plus ou moins semblables à la nôtre, autrefois qualifiées de nébuleuses spirales; un « fluide cosmique » qui sera supposé uniforme dans l'espace en première analyse, ce qui permettra de caractériser le contenu de l'Univers en termes de densité moyenne.

Les vitesses élevées déterminées par Slipher continuaient cependant d'intriguer les cosmologues, et plus encore le fait que la majorité de ces vitesses concernait des éloignements. Certains ont commencé à soupçonner un effet particulier qui devait être interprété dans le cadre de la théorie de la relativité générale, mise au point par Einstein quelques années plus tôt. La cosmologie moderne était en germe.

CHAPITRE 4

GALAXIES ET RELATIVITÉ

Einstein mit en place les théories relativistes en deux temps : relativité restreinte en 1905, relativité générale en 1915. Cette dernière est bien plus qu'une nouvelle théorie : c'est une nouvelle vision du monde, totalement inédite et révolutionnaire. À tel point qu'elle n'est pas encore parfaitement assimilée, même chez les physiciens, parfois.

Les décrire ici complètement serait superflu, de même que rentrer dans les subtilités historiques de leur découverte[1]. La relativité restreinte se résume essentiellement à un remplacement de l'espace et du temps (de Newton) par l'*espace-temps*, que l'on ne peut plus voir comme une réunion de l'espace et du temps comme nous le verrons plus loin. La relativité générale va encore plus loin et attribue quant à elle une *forme* à cet espace-temps ; une forme qui se décrit géométriquement par une *courbure*. Cette forme, cette courbure, est reliée au contenu matériel de l'Univers. Elle représente la gravitation.

La crise de la lumière

Nous sommes en 1905. Albert Einstein est employé depuis trois ans à l'Institut fédéral de la propriété intellectuelle à Berne. Il est « expert technique de troisième classe ». Son travail consiste à évaluer les demandes de brevets.

En même temps, il prépare un doctorat en physique ; il potasse les écrits des physiciens et des philosophes. Ses recherches vont le mener à publier, cette année-là, quatre articles qui auront une influence décisive sur la physique du siècle suivant. Deux d'entre eux nous intéressent ici : « Sur l'électrodynamique des corps en mouvement » et « L'inertie d'un corps dépend-elle de l'énergie qu'il contient ? ».

Ils sont en effet fondateurs d'une nouvelle théorie qui, formalisée mathématiquement dans les années suivantes, deviendra la « relativité restreinte ». Ils introduisent la plus célèbre équation de la physique : $E = mc^2$.

Cette mise en place de la relativité restreinte constitue la première étape de la révolution relativiste, le préliminaire pour la mise au point de la relativité générale qui fournira le cadre conceptuel et opérationnel pour envisager la cosmologie moderne et aborder la notion d'âge de l'Univers. La relativité restreinte résultait d'une crise profonde qui a touché la physique au milieu du XIXe siècle, une crise déclenchée par une observation troublante : la vitesse de la lumière, *c*, reste toujours constante, quelles que soient les circonstances.

La crise avait débuté à la fin du XVIIe siècle, lorsque l'astronome danois Ole Rømer avait montré (en observant les éclipses des satellites de Jupiter) que la lumière se propage à une vitesse finie. Astronomes et physiciens vont mesurer cette vitesse et ils s'apercevront à leur très grande surprise qu'elle reste invariablement constante, quelles que soient les circonstances, égale à la valeur *c*. Où est le problème ? Il est partout et il est énorme. Les physiciens étaient en effet habitués à composer les vitesses, selon les lois de la cinématique de Newton. Ainsi, si je marche à 5 km/h dans un train qui avance à 100 km/h, ma vitesse est bien sûr de 105 km/h. Inversement si, bien assis sur ma banquette, j'observe un train passer en sens inverse à 100 km/h lui aussi, sa vitesse à lui, par rapport à moi (mesurée dans le référentiel de mon train, pour employer un vocabulaire galiléen), sera de 200 km/h.

Ce n'est pas le cas de la lumière, dont la vitesse ne se compose jamais de la sorte. En toutes circonstances et d'où qu'on la regarde, la lumière se déplace toujours à la même vitesse : *c*. En d'autres termes, la lumière n'obéit pas aux lois de la cinématique newtonienne.

Cette crise fut résolue en 1905 par la publication d'Einstein. Formalisée plus tard par les mathématiciens Henri Poincaré et Hermann Minkowski, sa théorie devint la relativité restreinte. Ce fut une secousse brutale pour la communauté scientifique, car elle impliquait en effet d'abandonner les notions de temps et d'espace, introduites par Newton et conformes à notre intuition, au profit de la notion nouvelle d'espace-temps*. Elle fut néanmoins rapidement reconnue et validée, grâce à quelques confirmations observationnelles et expérimentales spectaculaires[2]. Notre monde en est sorti plutôt chamboulé. Mais c'est sur l'étape suivante, celle de la relativité générale, que repose la cosmologie moderne.

Généralisation

Malgré son succès, Einstein n'était pas satisfait. Depuis longtemps, il réfléchissait à la gravitation, cette interaction que Newton avait identifiée et formalisée à la fin du XVIIe siècle, en l'exprimant

* Même si cette notion d'espace-temps ne faisait pas partie de la formulation initiale de la théorie par Einstein.

comme une force s'exerçant à distance entre les corps afin d'en établir la loi universelle. Ses succès furent rapides et prodigieux: explication des mouvements des planètes et des comètes (avec notamment la prédiction vérifiée du retour de la comète de Halley), mouvement des étoiles, unification de la chute des corps sur Terre et des mouvements célestes... Mais, malgré ces réussites, les fondements métaphysiques de la physique newtonienne restaient insatisfaisants. Ils suscitaient commentaires, critiques et discussions, par de nombreux physiciens et autres philosophes. Newton lui-même reconnaissait ces insuffisances*...

Grand lecteur et grand penseur, Einstein était préoccupé par ces lacunes métaphysiques. Conscient que la théorie de la relativité restreinte qu'il venait d'établir ne permettait pas de les résoudre, il se remit au travail. Il lui faudra une dizaine d'années pour mettre au point sa nouvelle théorie.

Sa motivation n'était pas du tout de résoudre tel ou tel problème concret qu'aurait posé l'application de la physique newtonienne, mais plutôt d'en aplanir les imperfections métaphysiques, en particulier l'intervention d'une action à distance jugée

* Newton n'a jamais *expliqué* la gravitation. Il s'est contenté de la *décrire*.

mystérieuse et difficile à accepter. Il entrevit assez tôt la piste à suivre, mais ses connaissances mathématiques se révélèrent insuffisantes. Il les améliora donc. Il étudia, avec ses amis mathématiciens, la nouvelle géométrie, dite « riemannienne », mise en place par les mathématiciens du XIXe siècle. Elle devait constituer le fondement mathématique de sa nouvelle théorie.

Avant même d'avoir mis la touche finale à celle-ci, il fut capable de mener un premier calcul, celui de l'orbite de la planète Mercure, la plus proche du Soleil (et donc celle qui en ressent l'influence gravitationnelle la plus intense), calcul qui le conforta dans la voie choisie. Depuis un demi-siècle, les astronomes avaient remarqué que son mouvement ne correspondait pas tout à fait aux prédictions de la physique newtonienne : une différence pas tout à fait flagrante mais tout de même notable de 43 secondes d'arc par siècle dans la précession du périhélie de la planète*. Appliquant ses équations, Einstein trouva qu'elles expliquaient parfaitement l'écart. Comme il l'a déclaré à ses amis, ce résultat le rendit extatique pendant plusieurs jours, après l'avoir tellement ému qu'il en ressentit des palpitations cardiaques.

---

* Une planète décrit une orbite elliptique autour du Soleil, dont le point le plus rapproché est le périhélie. Le lent déplacement de ce dernier en fonction du temps est qualifié de précession.

La relativité générale et l'équation d'Einstein

La nouvelle théorie implique un changement de perspective total.

Elle intègre avant tout les acquis de la relativité restreinte : les notions d'espace et de temps ont disparu de la description de la nature. Le cadre de la physique est une entité globale : l'espace-temps. Plus tard, l'âge de l'Univers, entre autres, sera défini comme une propriété géométrique particulière de cet espace-temps. C'est en son sein que se déroulent les événements et les processus physiques. L'innovation de la relativité générale (par rapport à sa version restreinte) consiste à considérer que l'espace-temps n'est pas un cadre rigide (comme par exemple l'espace et le temps chez Newton), mais qu'il possède une forme géométrique déterminée par le contenu matériel et énergétique : une relation totalement nouvelle entre matière-énergie d'un côté et géométrie de l'autre.

La forme de l'espace-temps est décrite géométriquement par un objet mathématique que l'on appelle « courbure ». On peut également la décrire par une « métrique », à partir de laquelle se calcule la courbure. Il est à peu près équivalent d'utiliser l'une ou l'autre description pour caractériser la forme de l'espace-temps. Cela généralise exactement la manière dont on peut décrire les propriétés, la forme, d'une surface à deux dimensions: par sa courbure ou par sa métrique. Lorsque l'on applique ces notions à l'espace-temps (plutôt qu'à l'espace), certains préfèrent parler de «chronogéométrie» plutôt que de géométrie. Tout ceci en tout cas est parfaitement décrit par la géométrie riemanienne, dont l'apprentissage a coûté bien des efforts à Einstein, à l'origine des dix années d'attente avant la mise au point de sa théorie finale.

Le lien entre la forme (la courbure) de l'espace-temps et la matière-énergie qu'il contient manifeste exactement cette interaction physique que l'on appelle la «gravitation». Désormais, on ne parlera plus d'elle en termes de «forces», comme le faisait Newton, mais de courbure de l'espace-temps. Celle-ci s'identifie donc au «champ gravitationnel». Ce lien est exprimé par l'équation fondamentale de la théorie, l'équation d'Einstein. Elle est souvent interprétée en déclarant que le contenu matériel *est à l'origine* de la courbure; ce qui est souvent résumé de manière un peu cavalière par la formule: «La matière et l'énergie courbent l'espace-temps.» J'ai même trouvé dans une copie d'examen «devant Einstein, l'espace-temps se courbe»! Je préfère néanmoins parler de «liaison» car le comportement de la matière elle-même, ainsi que des rayonnements et de toute forme d'énergie, dépend lui-même, réciproquement, de la forme de l'espace-temps dans lequel ils résident: très simplement, tout ce qui se déplace suit (si rien d'autre ne le perturbe) la courbure de l'espace-temps. Un des miracles de la relativité générale, c'est que cette simple déclaration suffit à exprimer les lois du mouvement sous l'effet de la gravitation: plus besoin d'invoquer des forces gravitationnelles!

Un corps libre, un rayon lumineux, ne peut décrire une droite, comme c'était le cas en physique newtonienne. Car il n'existe pas de droites dans un espace-temps courbe! Il suit tout simplement la courbure de l'espace-temps; sa trajectoire épouse cette courbure: elle constitue ce que les mathématiciens appellent une géodésique. Lancez une bille dans une bassine, elle ne pourra décrire une droite; mais elle décrira une géodésique qui épouse la courbure de la bassine. Il en est de même pour les particules dans l'espace-temps. Elles n'ont pas le choix. Difficile de faire plus élémentaire: la loi qui gouverne le mouvement d'une particule se borne à déclarer que la courbe qu'elle décrit dans l'espace-temps est la plus simple qui soit, la géodésique (ce serait une droite si l'espace-temps n'avait pas de courbure)*. Notons qu'une particule, ou n'importe quel objet, est toujours soumise à la gravitation car il n'y a pas moyen d'y échapper puisque cette dernière s'identifie à l'espace-temps lui-même.

Ces déclarations résument sommairement la théorie de la relativité générale. Cela fonctionne à merveille : s'il connaît la courbure de l'espace-temps, un mathématicien peut calculer les géodésiques et trouver ainsi les trajectoires de n'importe quel objet soumis à la gravitation : une planète, comme ce fut le cas pour Mercure en 1915 ; un rayon lumineux, comme ce fut vérifié lors de l'éclipse de 1919. Ces deux exemples ont constitué les deux premières vérifications observationnelles directes de la nouvelle théorie. Mais en 1919, Einstein avait déjà provoqué la naissance de la cosmologie relativiste !

Premiers succès

Assez rapidement, les équations de la relativité générale sont résolues dans des cas simples. Dans le Système solaire, par exemple, la courbure est engendrée en première approximation par la masse

* En outre, la description précise de la trajectoire, appelée ligne d'univers, ne fait plus intervenir les notions d'espace et de temps.

du Soleil : elle est déterminée en résolvant l'équation d'Einstein ; puis en tenant compte de celles des autres planètes pour améliorer la précision. Ces dernières, dont la Terre, évoluent dans l'espace-temps ainsi courbé. Elles ne font rien d'autre que suivre les méandres de cette courbure, les géodésiques. Le calcul des géodésiques aboutit aux orbites planétaires, en parfaite adéquation avec les observations.

Pour la planète Mercure, le calcul relativiste effectué en 1915 par Einstein donne une valeur différente du calcul newtonien comme indiqué plus haut ; cela résout l'écart entre les prédictions newtoniennes et les observations, écart qui tourmentait les astronomes depuis un demi-siècle. La nouvelle théorie fait disparaître la discordance ; ce fut le premier signe observationnel, spectaculaire, de sa pertinence.

Le second signe fut la mise en évidence directe de la courbure des rayons lumineux grâce aux observations de l'éclipse de 1919. Celle-ci fut décisive : elle entraîna la reconnaissance de la théorie par la communauté des physiciens. Le grand public s'en empara et Einstein devint une célébrité mondiale. Rapidement, physiciens et astronomes trouvèrent de nouvelles solutions de la théorie, applicables à diverses situations, réelles ou imaginaires.

Dans chaque situation la théorie de la relativité générale fournit, par son équation, une solution: une forme possible de l'espace-temps. Chaque forme est décrite, en général, par sa métrique, que l'équation d'Einstein relie au contenu matériel et énergétique de l'Univers tel qu'il est observé. Des solutions locales vont permettre de décrire des systèmes stellaires, planétaires, galactiques... Et des solutions globales, appliquées à l'Univers dans son ensemble, vont constituer ce que l'on appellera des modèles cosmologiques.

D'autres confirmations de la relativité générale suivront[3]. Aujourd'hui parfaitement confirmée, cette théorie est utilisée couramment en physique, surtout en astrophysique et en cosmologie, mais aussi pour la navigation, les télécommunications et le repérage spatiaux. Dans la vie de tous les jours, dans notre environnement, ses prédictions diffèrent très peu de celles de la physique newtonienne: la différence ne peut être constatée que dans des expériences de grande précision, telles celles qui impliquent des horloges atomiques (j'en dirai deux mots au chapitre 5).

Dans le Système solaire, la relativité générale rend parfaitement compte de plusieurs effets inexplicables par la physique newtonienne ; en astrophysique, la présence d'étoiles à neutrons, de supernovas, de trous noirs ou de quasars, et de manière plus spectaculaire encore l'observation récente des ondes gravitationnelles ne peuvent être justifiées qu'en invoquant la relativité générale... Bref, les physiciens n'ont aucun doute sur la validité de cette théorie. C'était un peu moins sûr en 1917, mais cela n'a pas empêché Einstein de l'appliquer à la cosmologie.

Éclipse de la théorie

Durant les premières décennies du XXe siècle, la relativité générale est reconnue, admirée. Mais les équations mathématiques sont difficiles à résoudre (aujourd'hui, les ordinateurs sont d'une aide inestimable pour cela). C'est pourquoi, après ses impressionnants succès constatés dans le Système solaire, elle sera en grande partie délaissée. Les physiciens ne voient guère de situations nouvelles auxquelles l'appliquer, du moins dans les premières décennies de ce siècle de bouleversements. La plupart vont se tourner vers d'autres centres d'intérêt, en particulier la physique quantique qui se met en place en même temps et qui pose de nombreux problèmes fondamentaux et fascinants qui occupent bon nombre de physiciens ; d'autres, plus prosaïques, l'appliquent à la physique microscopique, aux interactions entre matière et rayonnement, avec d'innombrables succès qui captent eux aussi l'intérêt de la communauté.

Par ailleurs, les observations astronomiques sont encore loin d'avoir atteint les performances actuelles. Elles n'ont pas encore débusqué les situations où la nouvelle théorie de la relativité générale se révélera déterminante. Ce ne sera que plus tard, à partir des années 1950, que les nouveaux moyens d'exploration du ciel – satellites et détecteurs divers – vont dévoiler l'existence d'objets aux propriétés surprenantes, notamment des sources intenses de rayonnements électromagnétiques énergétiques dont il s'avérera que seule la relativité générale permet de rendre compte. Elle seule peut décrire, souvent même concevoir, naines blanches, étoiles à neutrons et pulsars, supernovas, trous noirs, quasars... Avec des prédictions originales qui n'apparaissent plus seulement comme des rectifications des prédictions de la physique newtonienne, mais comme des effets nouveaux et originaux. Dernier phénomène en date : l'existence des ondes gravitationnelles.

La nouvelle théorie règne aujourd'hui sur l'astrophysique. Mais ce n'était pas le cas dans les années qui suivirent sa découverte par Einstein.

La plupart des solutions alors examinées ne concernent qu'une petite portion de l'espace-temps, une infime portion de l'univers observable. Or, la cosmologie relativiste consiste précisément en l'application de la théorie à l'Univers entier. Celle-ci va se développer à partir d'un article fondateur d'Einstein, en 1917, et c'est elle qui constituera le principal volet vivant de l'application de la relativité générale. C'est elle qui permettra de définir et d'estimer l'âge de l'Univers. Pour comprendre comment, il nous faut examiner un peu plus en détail les innovations qu'elle apporte quant aux questions de temporalité. Le temps a disparu, mais que reste-t-il ? J'ai traité très précisément le sujet ailleurs (*Voyager dans le temps*) mais cela n'empêche pas de brosser de nouveau ici, quoique plus rapidement, la situation.

CHAPITRE 5

RELATIVITÉ ET HISTOIRES

« Les visions de l'espace et du temps que je veux vous présenter sont issues du terrain de la physique expérimentale, et c'est là que s'exerce leur puissance. Elles sont radicales. L'espace et le temps sont condamnés à s'évanouir en tant qu'entités autonomes, à se réduire à des ombres, et à laisser la place à une sorte d'union des deux qui seule conservera une réalité indépendante. »

HERMANN MINKOWSKI

Les différents discours à propos de la relativité ou de la cosmologie montrent que la disparition du temps (et de l'espace) est difficile à digérer. Elle reste parfois sur l'estomac des philosophes et des physiciens.

La raison principale en est que les situations de notre vie courante ont une spécificité : tant que l'on n'expérimente pas avec une grande précision, les prédictions de la relativité générale et celles de la physique newtonienne se confondent globalement.

Cela permet de raisonner dans le cadre newtonien, d'oublier la relativité générale et de faire comme si le temps existait sans commettre d'erreur décelable. On qualifie de telles situations de « non relativistes », et cela englobe à peu près tout notre quotidien.

Nous vivons l'essentiel de notre existence dans un environnement non relativiste. D'une part, nous baignons dans un champ gravitationnel peu intense : autrement dit, dans une région de l'espace-temps où sa courbure est très faible. D'autre part, nous n'expérimentons jamais de vitesses élevées : elles dépassent rarement la vitesse du son, soit environ le millionième de celle de la lumière.

Ce caractère « non relativiste » permet de construire, d'une manière très locale et approximative ce que nous qualifions de « temps universel » et que nous appelons en général tout simplement « le temps ». Mais on ne peut faire de physique ni de cosmologie sans comprendre que, si cette construction sociale fonctionne extrêmement bien, la notion de temps n'est absolument pas pertinente pour l'analyse du monde naturel. Croire le contraire relève de l'illusion. Nulle part dans la nature ne se trouve une grandeur qui possède les propriétés que nous attribuons au temps, que ce soit à propos de chronologie, de simultanéité, de causalité, de durées[1]... On ne peut aborder la cosmologie sans avoir compris cela: l'existence du temps constitue une réminiscence historique dépassée, qui ne peut que conduire à la confusion.

Localement et approximativement

C'est un peu comme pour la courbure de notre planète: si vous voulez jouer au foot ou construire un parking, vous pouvez très bien faire comme si la Terre était plate. Mais si vous voulez avoir une idée précise de la morphologie de la Terre, ça ne fonctionnera pas du tout. De la même manière, utiliser la notion de temps dans la vie courante ne pose aucun problème et facilite même beaucoup les choses. Mais vous ne pourrez jamais l'appliquer pour analyser une expérience physique de précision ou des observations astronomiques. C'est encore plus vrai en cosmologie.

Vouloir analyser la physique avec la notion de temps, c'est exactement comme refuser de prendre en compte la courbure de la Terre. Cela marche localement et approximativement... On peut le faire au quotidien, dans nos vies courantes, dans certaines expériences simples de physique. Mais dès que vous prenez l'avion, il devient difficile de continuer à imaginer que la Terre est plate. Exactement de la même manière, il est impossible de concilier l'existence du temps avec la physique de précision ou l'astrophysique; heureusement, les théories relativistes d'Einstein nous ont appris comment raisonner sans le temps.

Le temps tel que nous l'imaginons n'existe pas dans la nature. Comme la platitude de la Terre, c'est une notion locale et approximative construite à partir de nos sensations, à partir d'observations locales. Tout ce que nous croyons à propos de la chronologie, de la simultanéité, de la causalité, des durées... Rien de tout cela ne tient dès qu'on fait de la physique de précision, dès qu'on s'intéresse à des distances importantes, dès qu'on s'intéresse aux concepts... On lit parfois que l'innovation se borne à déclarer que notre temps universel est périmé, ou que le temps perd son caractère absolu pour devenir relatif. C'est beaucoup plus profond: il n'existe rien dans la nature qui ait les propriétés que nous accordons au temps, rien qui permette de synchroniser les horloges, rien qui définisse une chronologie, rien dont on puisse identifier les intervalles à des durées.

Sur combien de kilomètres peut-on faire comme si la Terre était plate? Cela dépend bien entendu des instruments de mesure et des intentions. Si on cherche à relier Limoges et Tours à vélo, que la surface de la Terre soit plate ou courbe ne fera pas grande différence: la distance est pratiquement la même dans les deux cas. Mais si on embarque dans un vol qui relie Lyon à New York, la trajectoire choisie varie considérablement entre les deux hypothèses, et « faire comme si la Terre était plate » ne fonctionne plus guère. À présent, sur combien de kilomètres peut-on faire comme si le temps existait ? Même réponse ! Dans nos vies courantes, avec la précision de nos montres, cela fonctionne sans aucun doute, partout sur notre planète, et même partout dans le Système solaire. Mais avec la précision des horloges atomiques, nécessaires pour la navigation et les communications spatiales, l'hypothèse est intenable : les expériences les plus précises ont montré l'impossibilité stricte d'imaginer l'écoulement du temps, même à l'échelle de quelques mètres*. Impossible de supposer l'existence d'une grandeur dont on pourrait dire qu'elle s'écoule à l'échelle du Système solaire ; et encore moins, bien entendu, à celle de l'univers entier. En dernière analyse, il est ainsi impossible de comprendre la cosmologie sans faire abstraction de la notion de temps, qui n'y signifie plus rien.

C'est bien pourquoi la question centrale de cet ouvrage ne peut s'aborder sans beaucoup de

* Et pas non plus dès que l'on s'intéresse à des objets rapides, comme les rayons cosmiques ou les particules des accélérateurs.

précautions. Quel âge a l'Univers ? Mais qu'est-ce qu'un âge quand il n'y a pas de temps qui s'écoule ? Est-ce bien toujours une question pertinente ?

Parler de l'âge de l'Univers doit se faire sans se référer au temps. Impossible de le définir comme « un temps écoulé » depuis un certain moment, par exemple celui de son début jusqu'à aujourd'hui ; une telle notion n'existe pas. Cependant, la cosmologie nous offre une porte de sortie : la possibilité de définir une grandeur particulière appelée « temps cosmique ». Bien que cette grandeur ne présente guère de pertinence physique (on ne peut, par exemple, la mesurer) et qu'elle ne possède pas les propriétés que l'on attribue au temps, elle en partage cependant certaines caractéristiques ; notamment la possibilité de repérer, même si c'est d'une manière artificielle, les événements cosmiques. Et c'est une notion que l'on peut relier à l'âge de l'Univers.

Temps et durées

Le préliminaire à toute réflexion de nature temporelle est de comprendre la distinction entre « temps » et « durée ». Les deux notions sont intimement liées selon la physique newtonienne ; et notre intuition les considère ainsi. Elles sont pourtant absolument différentes. Elles sont associées à deux autres notions fondamentales, heureusement assez intuitives : « événement » et « processus ».

Un *événement* advient en un endroit précis de l'espace et à un instant précis. Le localiser, c'est l'identifier à un point de l'espace et à un point du temps. Présenté ainsi, c'est évidemment une notion newtonienne car elle évoque l'espace et le temps. Mais, en relativité, la même idée subsiste, si ce n'est que, au lieu de dire « localisé dans l'espace et dans le temps », nous dirons « localisé dans l'espace-temps ». Dans le cas de la physique newtonienne, cela revient au même. En revanche, dans le cas relativiste, seule la référence à l'espace-temps prend du sens : un événement est assimilé à un point de l'espace-temps, le point où il se déroule ; il est identifié à ce point. Cela permet de considérer l'espace-temps comme cette entité géométrique que constitue l'ensemble de ces points, de l'ensemble des événements (cela ne veut pas dire nécessairement qu'un événement se déroule en chaque point de l'espace-temps, mais qu'un événement *pourrait se dérouler* en chaque point de l'espace-temps). Notons que, ainsi formulé, un événement n'a pas de durée.

Un *processus*, que j'appellerai aussi une *histoire*, se constitue d'une suite continue d'événements, avec un événement initial et un événement final : la vie d'une particule de sa création à son annihilation; celle d'une étoile de sa formation à son explosion finale; la mienne de ma naissance à ma mort, etc. Là encore, rien que de très intuitif. Mais l'intérêt de la vision spatiotemporelle apparaît: si un événement s'identifie à un point de l'espace-temps, un processus s'identifie à une suite continue de points dans l'espace-temps; autrement dit à une ligne, ou plutôt à un morceau, à un segment de ligne: la relativité voit un processus comme un segment de ligne dans l'espace-temps. Mon existence, de ma naissance à ma mort, est ainsi une portion de ligne dans l'espace-temps. Cette ligne, je l'appellerai ma «ligne d'univers». Tout objet (une particule, un être humain ou une étoile) est représenté par sa ligne d'univers. Tout objet est assimilé à son histoire représentée géométriquement par cette ligne.

Je n'étonnerai personne en énonçant que tout processus, depuis son début jusqu'à sa fin, possède une durée, mesurée en secondes, en heures, en années... (Attention, ce sont bien des unités de durée et non pas des unités de temps! La distinction s'impose.) Cela reste vrai en théorie de la relativité et cela s'exprime très simplement.

Dans l'espace, tout segment de ligne possède une longueur, dans le sens tout à fait usuel. Or, un segment de ligne (pas nécessairement droite) dans l'espace représente un trajet. Et ce qui permet d'associer une longueur à un trajet, ou à un segment de ligne, c'est une propriété géométrique de l'espace : la métrique. C'est une idée à laquelle nous sommes tellement habitués que, dès que nous pensons à l'espace, nous pensons implicitement à sa métrique, c'est-à-dire à l'outil qui permet d'y définir les longueurs. Dans l'espace-temps, c'est analogue. L'espace-temps est une entité géométrique qui ressemble à l'espace mais compte quatre dimensions au lieu de trois. Comme l'espace, l'espace-temps possède une caractéristique géométrique (ou plutôt chronogéométrique) qui s'appelle la métrique. Nous l'avons déjà rencontrée : elle constitue un moyen d'exprimer la forme de l'espace-temps ; et du point de vue physique, elle s'identifie au potentiel gravitationnel. De même que la métrique de l'espace permet d'associer une longueur à tout segment de ligne, la métrique de l'espace-temps associe une « longueur » à tout segment de ligne, c'est-à-dire à toute histoire*. Et cette « longueur », c'est très exactement la durée de l'histoire ou du processus associé.

* Les segments de ligne qui correspondent aux histoires sont d'un type particulier (appelé « causal »), mais cette subtilité ne joue pas de rôle ici.

Notez que dans les deux cas, c'est la « métrique »* qui permet d'assigner une longueur ou une durée à tout segment. Notez aussi que ces lignes ne sont le plus souvent pas des lignes droites ; dans l'espace-temps courbe, il n'existe d'ailleurs pas de ligne droite en général.

Les horloges mesurent des durées

Temps et durées sont deux notions différentes : les durées concernent les processus, le temps concerne les événements. La manifestation essentielle du temps (du temps newtonien, par exemple) est de permettre de dater les événements : tel événement s'est produit tel jour, à telle heure. La datation est la propriété essentielle du temps. Elle assigne un nombre à chaque événement. C'est ce qui permet de pouvoir répondre à la question : « quel jour sommes-nous ? » ; ou bien « quelle heure est-il ? ».

Les chemins newtonien et relativiste vont bientôt se séparer !

La spécificité de la physique newtonienne s'exprime par une relation simple entre temps et durées :

---

* Du point de vue mathématique strict, ce n'est pas exactement une métrique, plutôt une pseudo-métrique qui opère dans l'espace-temps. Et la « longueur » à laquelle je me réfère n'est pas strictement une longueur. Mais je laisserai aussi de côté cette autre subtilité.

la durée d'une histoire s'identifie à la différence entre les valeurs du temps (les dates) de l'événement final et de l'événement initial. C'est le temps de tous les jours. Cela pourrait laisser supposer que la durée est une grandeur que l'on peut définir à partir du temps. C'est pourtant une idée fausse ; même chez Newton, c'est l'inverse : c'est le temps qui est reconstruit à partir des durées. Pourquoi ? Comment ?

Il est facile, mais fondamental, de s'apercevoir que tout instrument qui nous permet de « mesurer du temps » – ou si l'on préfère, de nous donner l'heure – est en fait un instrument qui mesure des durées. Une montre n'est qu'un chronomètre qui, par définition, mesure des durées : elle mesure la durée de sa propre histoire, entre sa mise à l'heure (événement initial) et sa lecture (événement final). Elle est munie d'un dispositif adéquat (mais artificiel) qui ajoute la valeur de la durée à la mise à l'heure. Il en est de même de nos horloges, pendules, sabliers, etc. : ce sont tous des instruments qui mesurent des durées. De même nos calendriers ajoutent les durées de rotation (jours) ou de révolution (années) de la Terre. Et nos rythmes physiologiques se mesurent par la durée d'un battement cardiaque, d'une respiration, d'une digestion, etc. Il en est de même dans toutes les lois de la physique. Aucune ne nous dit que telle particule doit évoluer ainsi de mars à juillet, ou de l'an 2000 à l'an 2100. Mais elle indique que la particule doit évoluer de telle manière (par exemple parcourir telle distance, ou se désintégrer statistiquement) au cours d'une durée d'un mois. Toujours des durées ! Cette réalité est souvent masquée, mais elle est essentielle ; le temps n'intervient jamais. Il est introduit comme un repérage commode, mais il est toujours défini, calculé, mesuré à partir de durées[2].

Après tout, peu importe sans doute, du moment que cela fonctionne. Oui... mais !

Les observations et les expériences de physique nous ont graduellement appris que cela ne fonctionnait pas ainsi en réalité. La notion de durée conserve une parfaite pertinence, quand celle de temps s'évanouit, comme l'avait formulé Minkowski en 1909, selon la citation rappelée en exergue de ce chapitre.

Nous avons des horloges. Quelles que soient les circonstances (relativistes ou non), une horloge mesure toujours la durée de sa propre histoire. Tel est le fondement de tout. De la même manière, ce que nous éprouvons, ce que nous ressentons, ce qui intervient dans notre physiologie, dans notre psychologie... ce sont des durées (durées des battements cardiaques, durée nécessaire pour résoudre une équation du second degré... ce que vous voulez).

La disparition du temps !

Ce qu'ont montré de très nombreuses observations et expérimentations, c'est l'impossibilité (sauf de manière approximative, et de validité restreinte, dans les situations non relativistes mentionnées plus haut) de lier ces durées à un temps, ou à quoi que ce soit d'autre qui jouerait ce rôle. Einstein avait si bien compris cela que cela constitua l'origine de la relativité restreinte.

Il existe de très nombreuses manières de le constater. Décrivons par exemple une expérience impressionnante réalisée récemment.

Deux horloges ultra précises sont synchronisées. Elles le restent tant qu'elles sont accolées car, dans ce cas, leurs histoires se confondent : elles vivent la même histoire, dont elles mesurent chacune la durée. On les promène un peu (j'appelle *I*, comme initial, l'événement de leur séparation) ; pas besoin d'aller très loin, ni très vite. Quand on les réunira de nouveau (j'appelle *F*, comme final, l'événement de leur réunion), elles apparaîtront désynchronisées, invariablement.

L'une peut-elle indiquer « le temps » ? Si la réponse est positive, ce ne peut être le cas de l'autre puisque son indication diffère. Elles sont pourtant identiques, toutes deux extrêmement précises. La seule différence, c'est que l'on a emmené l'une au premier étage ; l'autre au sous-sol. S'il existait une grandeur susceptible d'être appelée « temps », il y aurait alors un temps au premier et un autre, différent, au sous-sol. Et, bien sûr, un autre au rez-de-chaussée, un autre au deuxième étage et encore un autre au niveau de la mer...

L'occupant du premier étage voudra déclarer que c'est l'horloge du premier qui indique le « vrai temps » ; mais sa montre ne mesure que ce « temps du premier étage » et rien d'autre.

La notion de temps est perdue, irréconciliable avec la physique. Quelle que soit la grandeur que l'on choisit, il existera au mieux une seule horloge dans le monde qui la marquera*. Si l'on voulait parler de temps, il y aurait autant de « temps différents » que d'horloges, et ils seraient impossibles à synchroniser entre eux. Même situées au même endroit, deux horloges donneront des indications différentes si elles sont en mouvement l'une par rapport à l'autre. Aucun moyen de s'en sortir.

Chaque horloge mesure parfaitement la durée de sa propre histoire. Mais il s'avère impossible de

* Et ce n'est même plus le cas si l'horloge se déplace un peu rapidement.

les synchroniser, de rassembler les durées qu'elles mesurent en une notion globale commune qu'on appellerait le temps. Ce n'est pas une affirmation qu'aurait formulée Einstein. C'est une constatation, qu'Einstein a prise en compte pour construire ses théories relativistes.

Dans l'expérience telle qu'elle a été effectivement réalisée, les petites différences sont infimes et n'apparaissent que grâce à l'extrême précision des horloges utilisées. Dans la vie courante, ces différences (parfois qualifiées d'« effets relativistes ») existent bel et bien mais nous restent la plupart du temps imperceptibles. Dans la pratique, notre précision limitée nous empêche de discerner ces différences de durées. Nous pouvons les négliger à l'échelle de l'immeuble ; à celle du quartier, de la ville, et même de la planète entière... selon la précision désirée. Il devient dans ce cas possible de définir une notion qui joue le rôle de temps et qui demeure valable *dans l'approximation choisie*. C'est une telle construction par exemple que nous appelons « temps universel » : il s'applique à l'échelle de la Terre, tant que la précision demandée n'excède pas quelques fractions de millionième de seconde. Mais au fur et à mesure que l'on étend son application, sa validité se dégrade ; les écarts entre les indications des horloges deviennent de plus en plus manifestes. À l'échelle du Système solaire, déjà, la précision qu'exigent la navigation ou les télécommunications spatiales interdit l'utilisation de toute notion de temps, quelle qu'elle soit.

J'insiste sur ce point: tout ceci n'est aucunement une conséquence de la théorie de la relativité. C'est un fait d'observation, une constatation expérimentale. C'est afin de pouvoir en rendre compte, de pouvoir faire de la physique de manière cohérente, en se passant de la notion de temps, qu'Einstein a construit sa théorie.

À l'échelle du Système solaire, on peut encore fonctionner avec le temps universel pour une précision inférieure à la microseconde (seulement pour des horloges au repos, néanmoins). Mais en une microseconde, la lumière parcourt 300 mètres. Si vous tentiez d'utiliser un système de positionnement, type GPS, en supposant qu'un temps, que quelque chose ayant les propriétés du temps, s'écoule à l'échelle de notre planète et de ses proches environs, le cumul des erreurs le rendrait très rapidement inutilisable.

Ainsi, pour définir l'âge de l'Univers, il faudra trouver autre chose que le temps. Ce dernier n'a pas cours en cosmologie relativiste.

CHAPITRE 6

HISTOIRE ET FORME

La cosmologie s'intéresse à l'Univers dans sa globalité. Elle constitue aujourd'hui une branche de la relativité générale. L'Univers, identifié à l'espace-temps, est décrit comme une forme géométrique; tout en constituant le réceptacle d'un contenu matériel et énergétique; le cadre de tous les phénomènes, de tous les processus.

Assez naturellement, le terme « chronogéométrie » s'impose pour définir cette géométrie à quatre dimensions, qui généralise les géométries à trois dimensions. Et qui remplace les anciennes notions d'espace et de temps.

L'Univers selon la relativité générale

Discipline « globale », la cosmologie néglige les détails: elle ne prête pas attention à tous les accidents de cette chronogéométrie; aux déformations qu'engendrent, ici ou là, telle ou telle planète, étoile, galaxie ou même amas de galaxies... Du moins en première approche (« au premier ordre » disent les physiciens). Ce que l'on qualifie de « modèle cosmologique » (relativiste), c'est ainsi un espace-temps dépourvu de détails locaux ; de la même manière qu'un géophysicien peut déclarer dans une première approche que la forme *globale* de la Terre est celle d'une sphère aplatie aux pôles ; en négligeant sommets montagneux et vallées.

Un modèle cosmologique est à la chronogéométrie de l'espace-temps réel ce qu'un modèle sphérique est à la géométrie de notre planète : une description approchée ; ce que l'on pourrait qualifier de modèle sous-jacent. Le cosmologue aura ensuite la tâche de regarder les choses plus en détail, d'examiner comment cette géométrie sous-jacente a pu se déformer, acquérir des creux et des bosses (montagnes et vallées) qui correspondent à la présence des étoiles, galaxies et autres formes localisées de matière-énergie. Autrement dit, comment le modèle sous-jacent est *perturbé* pour correspondre à notre univers réel. Ce problème de la formation des structures cosmiques, notamment des galaxies, constitue une large part du travail des cosmologues. Mais ce n'est pas ce qui m'intéresse ici. Je préciserai toutefois qu'il est lié à l'âge de l'Univers, car les calculs montrent que ce processus de formation des galaxies (que l'on qualifie d'« instabilité gravitationnelle ») n'a pu se produire que sur une longue durée, ce qui élimine les modèles où l'âge de l'Univers serait trop court. Un argument déjà énoncé par Georges Lemaître dans les années 1930.

Il va de soi qu'un « bon » modèle cosmologique doit être une solution de la relativité générale, c'est-à-dire satisfaire les équations d'Einstein en accord avec le contenu matériel de l'Univers tel qu'il est observé : les distributions des étoiles, planètes, galaxies et tout autre composante, non pas dans le détail de leur répartition, mais selon leur influence globale. N'importe quelle forme géométrique ne peut coexister avec n'importe quel contenu matériel. Bien entendu, cette vision au premier ordre ne requiert pas de spécifier la position exacte de chaque galaxie. Il suffit de décrire la matière par ses propriétés moyennes : sa densité, sa pression, sa température... La manière dont on effectue cette moyenne n'est pas tout à fait évidente, mais je laisserai de côté ce problème technique*.

* En raison du caractère « non linéaire » de la relativité générale, l'opération qui consiste à prendre la moyenne d'une quantité est loin d'être évidente. Intuitivement, la moyenne des valeurs n'est pas nécessairement la valeur de la moyenne. Des cosmologues suggèrent aujourd'hui que certains résultats cosmologiques (dont l'observation de l'accélération cosmique) pourraient n'être

Le fameux « principe cosmologique »

La multitude de toutes les chronogéométries possibles *a priori*, de toutes les formes d'espace-temps envisageables qui puissent être solutions des équations de la théorie de la relativité, est immense. C'est pourquoi les cosmologues – et Einstein le premier – ont restreint le problème en énonçant un « principe cosmologique », afin de sélectionner les solutions qui nous intéressent, celles susceptibles de décrire l'Univers dans lequel nous vivons. Ce principe déclare qu'un modèle cosmologique applicable à notre Univers correspond à un espace-temps relativement régulier, possédant certaines propriétés de symétrie.

La première propriété requise est que l'on puisse effectuer un découpage global de l'espace-temps en tranches d'espace ; ce qui va autoriser à parler d'un espace à chaque moment de l'histoire cosmique, comme une portion de l'espace-temps. Cela paraît assez naturel et en accord avec notre intuition. C'est d'ailleurs ainsi que nous avions construit l'espace-temps newtonien (au chapitre 2). Nous savons qu'il

---

que des artefacts, des illusions engendrées par le fait d'avoir mené de manière incorrecte cette opération de moyenne. Ce que la littérature anglo-saxonne évoque par le terme de « *back reaction* ».

est possible de le faire de manière locale et approximative puisque c'est ce qui nous permet de parler d'espace et de temps dans la vie de tous les jours. Mais que l'on puisse le faire de manière globale, à l'échelle de l'univers entier, c'est loin d'être évident. Ce n'est pas du tout une propriété que partagent tous les espaces-temps possibles selon la théorie, si bien que cette première prescription est déjà assez contraignante. Elle est importante, toutefois, car c'est par son intermédiaire que seront définis le temps cosmique et l'âge de l'Univers. En revanche, qu'une telle décomposition soit possible ne garantit pas du tout qu'elle ait un sens physique ; elle nous permet seulement de faire plus facilement le raccord avec notre intuition. Il existe d'ailleurs dans la plupart des modèles une infinité de manières différentes d'accomplir une telle décomposition, toutes aussi arbitraires les unes que les autres.

C'est là qu'intervient la seconde exigence que pose le principe cosmologique : que chacune de ces tranches (qui représente l'espace à un moment donné) soit elle-même extrêmement régulière, à savoir homogène et isotrope. Pour le dire en termes familiers, tous les points de l'espace doivent jouer le même rôle. Aucun n'est privilégié, aucun ne se distingue des autres ; en particulier, pas de centre, pas de frontière ;

pas non plus de point où la courbure serait plus ou moins prononcée qu'ailleurs (rappelons que nous parlons de la géométrie moyennée). Pas de région où la densité de matière (de galaxies par exemple) serait plus élevée qu'ailleurs *. Pas non plus de *direction* privilégiée dans l'espace. Cela interdit par exemple un univers en rotation, car dans ce cas l'axe de rotation apparaîtrait comme une direction distincte des autres.

On parle de « principe » cosmologique car on ne peut strictement *prouver* sa validité. Il faudrait pour cela examiner *toutes* les régions de l'Univers et les comparer ; ce qui est hors de portée de nos observations. L'idée est de tenter d'abord de décrire notre Univers par un tel modèle simple. Ensuite, si cela ne réussit pas, on essayera une méthode plus complexe. Depuis Einstein, rien ne nous a indiqué que cette hypothèse ne serait pas correcte. Et, à quelques exceptions près, tous les modèles cosmologiques qui ont

* Bien entendu, il existe des zones, comme les amas où les superamas de galaxies, où les galaxies sont plus nombreuses qu'ailleurs. Mais cette homogénéité énoncée par le principe cosmologique se conçoit en moyenne, sur des distances supérieures aux dimensions de ces amas ou superamas, soit quelques centaines de Mpc. Si elle ne peut être rigoureusement prouvée, cette hypothèse d'homogénéité est fortement confirmée par les observations du « fond diffus cosmologique ».

été proposés pour décrire notre Univers, en particulier ceux en vogue aujourd'hui, obéissent au principe cosmologique. La famille de toutes les solutions de la relativité générale conformes à ce principe est appelée famille des « modèles Friedmann-Lemaître »*. Presque toute la cosmologie depuis 1917 travaille dans ce cadre et cet ouvrage n'en sortira pas.

L'adoption de ce principe réduit beaucoup la diversité des espaces-temps possibles et simplifie considérablement l'approche cosmologique : les équations d'Einstein prennent une forme simplifiée qui fut écrite en 1922 par le physicien russe Alexander Friedmann, ce qu'on appelle d'ailleurs les « équations de Friedmann ». Celles-ci mettent en relation la géométrie moyenne de l'espace-temps avec le contenu matériel moyen. Pour une géométrie régulière, il faut un contenu régulier. Cela implique de pouvoir le décrire simplement : par une densité uniforme (moyenne) de matière et d'énergie, constante dans l'espace. Tout ce que l'on observe, étoiles, galaxies, quasars, mais peut-être aussi ce qui existe et que nous ne sommes pas capables d'observer – une éventuelle

---

* Les Américains s'y réfèrent parfois sous l'appellation de « modèles Robertson-Walker » car les physiciens H. P. Robertson (en 1929) et A. Walker (en 1936) avaient pu calculer les formes générales pour les métriques de ces espaces-temps.

masse invisible, par exemple – doit être réparti de manière uniforme dans l'espace.

Une fois tout ceci posé, de nombreuses questions demeurent, évidemment: l'espace est-il fini ou infini? Quelle est sa courbure? Quelle est la loi d'expansion et son éventuelle accélération, que je qualifierai par la suite d'«accélération cosmique»? Et enfin: quel âge a l'Univers?

Au XVIIe siècle cohabitaient plusieurs modèles de la Terre, sphérique ou bien aplatie. Ici, ce sera un peu la même chose: l'histoire récente de notre cosmologie (et encore aujourd'hui) se présente comme une suite de débats entre plusieurs modèles, entre plusieurs formes géométriques possibles pour l'espace-temps. C'est que la plupart des questions cosmologiques se ramènent à cela: à caractériser tel ou tel aspect de la forme géométrique de l'espace-temps. Le plus souvent, cette forme est exprimée en termes de courbure, ou de métrique à partir de laquelle on peut calculer la courbure. L'âge de l'Univers, tel que nous le définirons, représentera lui aussi un aspect de cette forme: sa «longueur» (ou plutôt sa durée) dans l'une de ses dimensions.

Puisque cette courbure est reliée au contenu de l'Univers, mieux nous connaissons ce dernier, plus nous réduirons la diversité des modèles capables de le décrire. En d'autres termes, les connaissances accumulées en astronomie, en astrophysique et en cosmologie permettent de faire le tri parmi les solutions aux équations de la théorie de la relativité. C'est ainsi qu'a procédé la cosmologie depuis Einstein.

L'âge de l'Univers

J'arrive enfin à l'âge de l'Univers. Si je dessine des formes géométriques dans l'espace usuel, je peux associer à chacune son extension maximale, sa taille. De même, à chaque modèle cosmologique, c'est-à-dire à chaque forme possible d'espace-temps, je peux associer sa « longueur » (dans la dimension adéquate) et c'est ce que j'appellerai l' « âge de l'Univers » selon ce modèle. À chaque modèle est associée une valeur différente, qui peut même être infinie. De ce point de vue, la diversité est immense. Mais avant d'espérer évaluer la valeur associée à un modèle donné, il faudra donner un sens précis à la notion et indiquer comment la calculer ou l'estimer. Puisqu'il n'existe pas de temps qui s'écoule (dans aucune solution de la relativité générale), on ne pourra définir l'âge d'une manière naïve. Il faut employer pour cela l'attirail que fournit la théorie.

Malheureusement, cette notion d'âge de l'Univers n'est pas une grandeur directement observable.

Elle caractérise la géométrie entière de l'espace-temps et la seule manière de l'estimer implique la connaissance de cette géométrie entière, c'est-à-dire de l'intégralité du modèle cosmologique qui décrit notre univers. C'est à cette tâche que s'est consacré l'essentiel de la cosmologie depuis Einstein. Mais malgré de spectaculaires progrès, le modèle cosmologique de notre univers présente encore quelques mystères et cette incertitude rejaillit sur la valeur de son âge. Les valeurs que vous pourriez trouver ici ou là dans la littérature comblent cette ignorance au moyen d'hypothèses raisonnables sur l'information qui nous manque. Telle est la situation actuelle, qui sera détaillée un peu plus bas.

Georges Lemaître, qui le premier introduisit la notion d'âge de l'Univers, a par exemple avancé une hypothèse raisonnable pour le contenu matériel, une valeur donnée pour sa densité moyenne. De là, avec une constante cosmologique, la résolution des équations d'Einstein le mena à une chronogéométrie ; à une forme d'espace-temps à partir de laquelle il put calculer l'âge associé. La technique globale n'a pas changé depuis. Mais il me reste quelques détails à ajouter afin de pouvoir l'exposer plus clairement.

1917, l'univers statique d'Einstein

Le premier modèle cosmologique relativiste fut proposé par Einstein lui-même en 1917, comme application directe de sa théorie. Très peu de résultats observationnels de pertinence cosmologique étaient disponibles à l'époque. En particulier, Einstein n'avait aucune raison de remettre en cause le caractère immuable de l'Univers, hérité de Newton et d'une longue tradition. L'idée d'un univers en évolution ne viendra que quelques années plus tard.

Appliquant sa théorie à l'Univers, il a cherché un modèle statique, sans évolution, identique à lui-même à tous les instants. Il n'était pas encore question d'âge de l'Univers. Ou, si l'on préfère, son univers était d'âge infini. Pour d'autres raisons[1], il désirait un modèle dans lequel l'espace (pas l'espace-temps) soit d'extension finie. Et, bien sûr, ce modèle devait être une solution de ses équations, conforme au principe cosmologique.

Mais Einstein s'est aperçu que ses équations ne présentaient aucune solution qui satisfaisait à ses exigences. Il décida alors de les modifier et en proposa une nouvelle version qui faisait intervenir une constante supplémentaire : la « constante cosmologique ». Cette constante va jouer un rôle essentiel dans la cosmologie, et particulièrement à propos de l'âge de l'Univers. Elle s'écrit Λ et je m'y référerai ainsi par la suite*. En ajoutant cette innovation, il trouva enfin une solution adéquate qui sera retenue sous le nom de « modèle d'Einstein » : l'espace reste toujours identique à lui-même, uniforme, sans aucune évolution. Ce modèle fut abandonné quelques années plus tard, lorsque fut découverte l'expansion de l'Univers avec laquelle il était incompatible.

Toujours est-il que, dès ce moment, on peut considérer qu'il existe deux versions de la théorie de la relativité générale : la première, sans la constante cosmologique proposée originellement par Einstein dès 1915, ne fait intervenir qu'une unique constante fondamentale, la constante de gravitation *G* déjà introduite par Newton au XVIIe siècle. La seconde quant à elle fait intervenir en plus de *G* la constante Λ. De l'une comme de l'autre, la théorie ne dit rien de la valeur, qui ne peut être déterminée que par l'observation.

* Nous verrons que certains cosmologues modernes invoquent une « énergie noire » dont les effets sont similaires à ceux de Λ. Souvent, par abus de langage, cette énergie noire est elle-même qualifiée de constante cosmologique. Ici je distinguerai toujours les deux entités, et la lette Λ se référera toujours à l'authentique constante cosmologique, non à l'énergie noire.

Pourquoi cette constante supplémentaire? C'est très simple. Sans elle, la gravitation est toujours attractrice, si bien que, livré à la seule force de gravitation, l'Univers ne pourrait pas rester tel qu'en lui-même, statique. Ce caractère attractif de la gravitation en son sein lui confère un seul et unique destin possible: se ratatiner. Or, Einstein voulait une solution décrivant un univers éternellement statique. Il fallait donc ajouter un aspect répulsif à la gravitation afin de compenser l'attraction gravitationnelle exercée par le contenu matériel de l'Univers sur lui-même: tel est le rôle de cette constante Λ, celui d'une composante répulsive de la gravitation.

Le temps du cylindre: modèle d'Einstein et temps cosmique

L'Univers que décrit le modèle d'Einstein, grâce à la constante cosmologique, est donc statique (bien que plus tard, il sera montré qu'une telle situation est instable), un peu comme celui de Newton: il n'a pas d'âge ou, si l'on préfère, son âge est infini. Comme n'importe quel espace-temps relativiste, il n'admet pas de notion de temps. Mais une caractéristique le distingue néanmoins des autres modèles cosmologiques proposés plus tard: on peut y définir une notion de «temps cosmique», qui ressemble à celle du temps newtonien*, même s'il est très loin d'en présenter toutes les propriétés.

Pour le comprendre, le plus simple est de considérer l'espace-temps du modèle d'Einstein comme un cylindre à quatre dimensions. De fait, c'est exactement ce qu'il est dans la stricte définition géométrique du terme. Mais un cylindre à quatre dimensions est impossible à visualiser et difficile à concevoir pour le néophyte. Pour vous aider, pensez à une feuille roulée sur elle-même, ce qui constitue un cylindre ordinaire à deux dimensions. Un tel cylindre présente une famille de directions particulière, celle de ses génératrices, qui sont les lignes droites perpendiculaires au cercle qui constitue sa base**. De manière semblable, le cylindre à quatre dimensions présente de telles lignes droites qui définissent conjointement une famille de directions parallèles dans l'espace-temps. C'est cette famille de directions, appelées aussi génératrices, qui constitue le temps

* Nous verrons que l'on peut aussi définir un « temps cosmique » dans certains autres modèles, mais il ressemble beaucoup moins au temps newtonien.

** Dans l'espace-temps à quatre dimensions du modèle d'Einstein, les cercles à une dimension sont remplacés par des 3-sphères (également appelées « hypersphères »). Notre sphère ordinaire (ou 2-sphère) généralise à deux dimensions la notion de cercle (appelé 1-sphère). La 3-sphère le généralise à trois dimensions.

cosmique. Ce dernier ressemble au temps de Newton parce que ces directions sont des lignes droites parallèles. Cet espace-temps cylindrique d'Einstein est à peu près le seul modèle cosmologique à présenter une telle ressemblance avec le temps newtonien.

Une précision tout de même : malgré la ressemblance, il ne faudrait pas croire que le temps cosmique présente les propriétés du temps. Un simple exemple, que je détaillerai plus tard : si la vie d'une certaine étoile dure cinq milliards d'années, il est à peu près certain que le laps de temps cosmique qui sépare sa naissance de sa mort ne vaut pas cinq milliards d'années (ni selon le modèle d'Einstein, ni selon les autres modèles qui seront introduits plus tard). Reste que le temps cosmique a le mérite d'offrir un repérage chronologique unique de tous les événements cosmiques.

De Sitter et son modèle

Cette propriété spécifique du modèle d'Einstein le rend paradoxalement peu conforme à l'esprit de la relativité. C'est en tous cas ce que lui reprochent d'autres cosmologues et en premier lieu l'astronome hollandais Willem de Sitter. Ce dernier ne juge guère adéquat de restaurer une notion qui ressemble à celle de temps newtonien au sein d'une théorie dont le fondement même est de nier son existence ! De Sitter propose donc, la même année, un autre modèle, une autre chronogéométrie : non plus un cylindre, mais un hyperboloïde à quatre dimensions (pour le visualiser très grossièrement, et en trois dimensions seulement, pensez à un diabolo). La spécificité gênante du modèle d'Einstein a disparu. Ce sera le cas pour tous les autres modèles qui seront proposés à sa suite.

Entre autres originalités, le modèle de l'astronome hollandais est entièrement fondé sur l'existence de la constante cosmologique Λ introduite par Einstein dans ses équations en 1917. Sa géométrie requiert cette constante pour obéir aux équations de la relativité générale. En outre, celles-ci impliquent un univers vide de toute matière, autrement dit un univers dont la densité serait nulle. Ce modèle apparaît donc inapte, en toute rigueur, à décrire notre univers réel, même si De Sitter estimait (à tort) la densité cosmique suffisamment faible pour pouvoir être négligée dans les équations.

Ainsi, le modèle de De Sitter est fictif. Einstein, par exemple, le traita de simple « curiosité mathématique ». Il a néanmoins suscité l'intérêt des cosmologues par certaines de ses propriétés. L'une est théorique : l'espace-temps de De Sitter présente une symétrie parfaite, supérieure à celle du modèle d'Einstein. Dans ce dernier, comme dans la plupart des modèles de Big Bang, le principe cosmologique implique une symétrie parfaite *de l'espace* seulement ; chez De Sitter, c'est la symétrie de l'espace-temps qui est parfaite ; ce que l'on évoque parfois sous l'appellation « principe cosmologique parfait ». La courbure de l'espace-temps de De Sitter est toujours constante, dans l'espace comme dans le temps. Bien entendu, la symétrie n'est pas un critère absolu de légitimité scientifique, mais elle apparaît séduisante, et peut parfois indiquer le bien fondé de telle ou telle approche.

Une autre propriété intéresse les cosmologues : peut-être ce modèle pourrait-il expliquer la présence des décalages spectraux qu'avait mesurés Slipher ? Bien que ce point reste très délicat, il attira beaucoup l'attention. À raison, puisque l'analyse de ces décalages aboutirait peu après à la découverte de l'expansion cosmique.

CHAPITRE 7

FORME ET EXPANSION

Le chemin vers la cosmologie scientifique n'est pas tout à fait parcouru, à ce stade. Il manque encore quelques étapes. Sa véritable naissance, et avec elle celle d'une notion précise d'âge de l'Univers, adviendra à peu près une décennie plus tard, grâce à la découverte de l'expansion cosmique. Celle-ci va découler des résultats d'observation de Slipher et de son collègue Edwin Hubble; et surtout de l'interprétation qu'en fera le physicien belge Georges Lemaître dans le cadre de la relativité générale.

Souvenez-vous: Slipher avait découvert que les galaxies se déplaçaient à grande vitesse et que la plupart s'éloignaient de nous. Cela intriguait fortement les cosmologues et certains commençaient à soupçonner qu'il fallait interpréter cela dans le cadre de la relativité générale d'Einstein. En 1917, Slipher a ainsi mesuré vingt-cinq décalages de nébuleuses (reconnues comme galaxies à partir de 1924), indiquant des vitesses atteignant le millier de kilomètres à la seconde. Des valeurs aussi élevées avaient en effet de quoi surprendre. Et les surprises ne s'arrêtaient pas là : que les nébuleuses se promènent à l'intérieur ou à l'extérieur de notre galaxie passe encore, mais on s'attendrait *a priori* à ce qu'elles se déplacent dans tous les sens, à la manière des molécules d'un gaz dans une pièce. Or, sur vingt-cinq décalages, quatre seulement s'effectuent « vers le bleu » ; autrement dit, sur les vingt-cinq galaxies observées, seules quatre se rapprochent de nous, les autres s'éloignent. Pour le moins étrange !

Mais il y avait plus étrange encore ! Slipher s'était d'abord intéressé à la galaxie la plus facile à observer, car la plus brillante en apparence : celle d'Andromède. Après avoir perfectionné son instrument, il s'est attaqué aux suivantes, de moins en moins brillantes, et a trouvé des vitesses de plus en plus élevées. Si l'on suppose (très grossièrement) que les galaxies ont toutes la même luminosité absolue, leur brillance apparente nous indique leur éloignement : plus une galaxie apparaît brillante, plus elle est proche. Les résultats de Slipher suggéraient donc que la vitesse d'une galaxie est d'autant plus élevée qu'elle est éloignée de nous.

Cependant, en toute rigueur, moins brillante n'implique pas nécessairement plus distante : peut-être ces galaxies possédaient-elle une luminosité intrinsèque moindre, voilà tout ? Afin d'y voir plus clair et de valider cette interprétation des résultats, il fallait être capable d'estimer leurs distances. Un travail extrêmement difficile, qu'Edwin Hubble accomplirait.

La loi de Hubble et la solution de Lemaître

En 1929, Slipher a mesuré quarante-six vitesses radiales de galaxies (dont trois seulement se rapprochaient). Hubble, lui, a mesuré les distances de vingt-quatre d'entre elles, en utilisant la méthode des céphéides. Les galaxies les plus distantes de son échantillon appartenaient à l'amas de la Vierge, dont il estimait l'éloignement à 2 Mpc (aujourd'hui, on l'estime à 14 Mpc)[1]. Comparant les distances qu'il a mesurées avec les vitesses établies par Slipher, il a constaté une relation linéaire entre les deux, qu'il a publiée en 1929 dans un article resté célèbre, « *A relation between distance and radial velocity among extra-galactic nebulae* » (« Une relation entre la distance et la vitesse radiale des nébuleuses extragalactiques »)[2]. La constante de proportionnalité entre les deux est depuis notée H_0. La loi s'écrit $V = H_0 D$ et elle fut longtemps appelée loi de Hubble. Récemment, en 2018, l'Union astronomique internationale l'a rebaptisée loi de Hubble-Lemaître.

Inattendue, cette relation entre vitesse radiale et distance des galaxies surprend la communauté des astronomes et des cosmologues. Hubble la présente comme une loi totalement empirique, qui se borne à exprimer une corrélation entre résultats d'observations. Il est en effet excellent observateur, mais ne se sent guère concerné par la signification théorique de sa loi. Il ne cherche pas à l'interpréter. Tout au plus suggère-t-il un lien avec le modèle de De Sitter.

Le reste de la communauté demeure perplexe : le modèle d'Einstein ne prévoit rien de tel. Certains cherchent à l'interpréter dans le cadre du modèle de De Sitter, mais cela ne fonctionne que très moyennement. De toute façon, ce modèle dépourvu de toute présence de matière ne saurait décrire notre univers réel.

La réponse viendra de Lemaître.

Deux ans auparavant, en 1927, il avait proposé une solution réaliste de la relativité générale rendant parfaitement compte des observations. Ni le modèle d'Einstein ni celui de De Sitter ne semblant convenir, « il semble désirable, écrivait-il, d'obtenir une solution intermédiaire qui pourrait combiner les avantages de chacune d'elles ».

Lemaître ne fait rien d'autre que de résoudre les équations de la relativité générale sous l'hypothèse du principe cosmologique, en décrivant son contenu matériel sous forme d'une densité et d'une pression moyennes* et en lui ajoutant la constante cosmologique. Seulement voilà : le modèle qu'il propose décrit un univers en expansion (accélérée, mais ce n'est pas ce qui nous intéresse ici). Dit en termes familiers, l'espace tel que décrit par Lemaître grandit. Les galaxies ne se déplacent pas *dans l'espace* ; elles restent fixes mais sont entraînées par l'expansion, si bien que la distance qui les sépare augmente constamment. On dit alors qu'elles sont « comobiles »**.

Lemaître calcule aussi que l'expansion implique une relation linéaire entre les éloignements et les décalages : il énonce en fait la loi de Hubble-Lemaître, celle-là même que Hubble publiera deux ans plus tard sans connaître le travail de Lemaître (d'où la nouvelle appellation décidée par l'Union astronomique internationale).

Lemaître connaît les résultats de Slipher depuis 1924. En 1927, il dispose de résultats d'observation

---

* Lemaître a conscience que la pression de la matière joue un rôle dynamique négligeable.

** Il s'agit d'un mouvement moyen. Une galaxie particulière possède en général, outre sa vitesse d'expansion de nature cosmologique, une *vitesse propre* qui s'y additionne, parce qu'elle est attirée par une condensation de matière voisine, par exemple une autre galaxie ou un amas.

pour quarante-deux galaxies (essentiellement dus à Slipher). Et il montre que tous ces résultats s'accordent tout à fait à la loi qu'il a calculée. Il en déduit pour la constante H_0 une valeur de 625 kilomètres par seconde et par mégaparsec (en abrégé, km/sec/Mpc; toutes les valeurs de H_0 données par la suite le seront dans cette unité), proche de celle que suggérera Hubble deux ans plus tard.

Le fondement de toute notre cosmologie moderne était posé. Publié en français dans les *Annales de la Société scientifique de Bruxelles*, sous le titre « Un univers homogène de masse constante et de rayon croissant, rendant compte de la vitesse radiale des nébuleuses extragalactiques », il est passé largement inaperçu. Einstein, rencontrant Lemaître à la conférence Solvay en 1927, déclare son modèle « physiquement abominable ». Il n'admettra l'expansion qu'en 1931.

En 1930 se tient à Londres le colloque de la Royal Astronomical Society. Les cosmologues (dont Eddington et De Sitter) reconnaissent leur impuissance à interpréter les résultats publiés par Hubble (ils ne connaissent pas le travail de Lemaître), tout en reconnaissant leur pertinence cosmologique : ni le modèle d'Einstein, ni celui de De Sitter ne conviennent vraiment.

À la suite du colloque, Lemaître attire de nouveau l'attention d'Eddington. Ce dernier reconnaît finalement la pertinence de l'article de 1927, dont Lemaître lui renvoie une copie. Eddington le traduit, le publie de nouveau[3] et fait la promotion du modèle de Lemaître (il montre en même temps que le modèle original d'Einstein est instable et ne peut convenir pour décrire notre univers). Ce dernier sera ainsi finalement référencé sous l'appellation de « modèle d'Eddington-Lemaître ».

L'idée nouvelle d'un univers en expansion explique parfaitement les décalages observés. On ne pouvait plus décrire l'Univers selon un modèle statique. Celui d'Einstein est abandonné. La communauté des cosmologues se rallie à l'expansion cosmique, y compris Einstein, en 1931. Abominable, mais vrai.

Les modèles de Friedmann-Lemaître

Lemaître a présenté un modèle particulier, mais il avait en fait exploré plusieurs possibilités de solutions cosmologiques à la relativité générale.

De fait, depuis 1917, la cosmologie se restreint à la famille des modèles qui obéissent au principe cosmologique, ceux de Friedmann-Lemaître. Cette famille inclut le modèle de Lemaître comme cas particulier, mais aussi ceux d'Einstein et de De Sitter. En 1922, le physicien russe Alexander Friedmann, qui travaillait à Saint-Pétersbourg, avait déjà trouvé cette famille de solutions mathématiques aux équations d'Einstein. Mais il n'avait pas eu l'occasion de les confronter aux observations : « tout ceci ne doit être pris qu'à titre de curiosité, et ne peut être prouvé au moyen d'observations astronomiques encore insuffisantes », écrivait-il. Ses travaux étaient restés confidentiels. Pour la petite histoire, Einstein en avait eu connaissance et les avait d'abord rejetés après avoir jugé les calculs faux. Il reconnut l'année suivante que ce n'était pas le cas, mais il estima que l'on ne pouvait leur donner aucun sens physique. Il était encore trop tôt !

Friedmann a classifié ces modèles. Il a montré que l'hypothèse du principe cosmologique simplifie considérablement les équations d'Einstein, leur permettant de prendre la forme condensée et simplifiée des « équations de Friedmann ».

La grande nouveauté de ces modèles, c'est que l'Univers y est en évolution. Celui d'Einstein est un cas particulier, statique, au sein de cette famille. Après les travaux de Hubble, il est désormais abandonné car il n'explique pas les décalages. Einstein en profite pour renier sa constante cosmologique, dont il n'a plus besoin puisqu'il n'est plus possible de soutenir l'idée d'un univers statique. Parmi les autres, deux classes : l'Univers peut être (aujourd'hui) en contraction ou en expansion. C'est bien sûr la seconde classe que l'on retient. Mais rien n'exclut qu'une phase de contraction puisse suivre, ou précéder la phase actuelle d'expansion impliquée par les observations. Friedmann, par exemple, s'était particulièrement intéressé à des modèles oscillants, où des phases de contraction et d'expansion se succèdent, des modèles qu'Eddington désignera comme « univers phénix ».

Ces modèles de Friedmann-Lemaître vont bientôt permettre de donner un sens physique bien défini à la notion d'âge de l'Univers. À noter que Friedmann fut le premier, dans un article intitulé « *On the Curvature of Space* », à en donner une estimation, avec le bon ordre de grandeur, soit une dizaine de milliards d'années : « Si on essaye de calculer le temps écoulé depuis le moment où l'Univers fut créé à partir du vide jusqu'à aujourd'hui, c'est-à-dire calculer le temps depuis la création du monde, on obtient des nombres correspondant à quelques dizaines de milliards de nos années usuelles », écrit-il. Cependant, il interprétait plutôt ce chiffre comme la durée d'un cycle, dans le cadre d'un de ses modèles (sans constante cosmologique) qui décrivait un univers oscillant: passant par des cycles successifs d'expansion et de contraction*.

L'hypothèse de symétrie qu'exprime le principe cosmologique est extrêmement efficace: d'abord, les équations d'Einstein se simplifient considérablement pour prendre la forme condensée des équations de Friedmann. Et la diversité des modèles Friedmann-Lemaître, c'est-à-dire des solutions à ces équations, se décrit au moyen de deux quantités seulement:

- un nombre k, qui vaut – 1, 0 ou 1 pour indiquer le signe de la courbure des sections spatiales symétriques de l'espace-temps**; les observations nous indiquent que l'intensité de cette courbure spatiale est très faible; elles n'ont pas aujourd'hui une précision suffisante pour nous indiquer son signe sans ambiguïté;
- et une fonction $R(t)$, appelée « facteur d'échelle ». En termes imagés, sa valeur exprime

* « On peut se souvenir ici de la mythologie indienne sur les cycles de vie, on peut aussi parler de la création du monde à partir de rien. » Friedmann, cité par Jean-Pierre Luminet dans *L'invention du Big Bang*, ouvr. cité.

** D'une manière analogue, les surfaces (à deux dimensions) qui sont complètement symétriques se réduisent au plan (courbure constante nulle), à la sphère (courbure constante positive) et au *plan hyperbolique* (courbure constante négative).

la taille de l'espace, qui varie en fonction du « temps cosmique » *t*.

Bien entendu la notion de « taille de l'espace » demanderait à être définie rigoureusement. Plus correctement, il vaut mieux considérer *R(t)* comme un « étalon de longueur cosmique », dont la valeur se modifie au cours de l'évolution cosmique. La dimension de tout système cosmique suffisamment étendu – typiquement, la configuration des galaxies aux très grandes échelles – varie (augmente) proportionnellement à ce facteur. Si la courbure de l'espace n'est pas nulle, on identifie son rayon de courbure au facteur d'échelle. Dans le cas où la courbure spatiale est nulle, le rayon de courbure est infini, et il n'y a pas de manière naturelle de normaliser *R(t)*.

Ceci laisse poindre une question qui constituera le fondement de l'idée d'âge de l'Univers : si ces distances augmentent, depuis quand le font-elles ? Et depuis quelles valeurs dans le passé ? Des valeurs nulles ou des valeurs très petites seulement ? La question cosmologique cruciale apparaît : le facteur d'échelle s'est-il annulé par le passé ?

Un modèle Friedmann-Lemaître pour lequel *R(t)* a pris une valeur nulle dans le passé est appelé aujourd'hui « modèle de Big Bang ». Ce ne sera que dans le cadre d'un tel modèle que l'on pourra définir la notion d'âge de l'Univers. Et il faudra également définir soigneusement ce que l'on peut appeler le «temps cosmique» dans le cadre relativiste où le temps n'existe pas. Mais pour l'instant, il suffira de le considérer de manière intuitive comme le temps ou, en tout cas, comme une grandeur qui permet de repérer les événements cosmiques.

Chaque modèle Friedmann-Lemaître est ainsi parfaitement défini par un couple k, $R(t)$. Le modèle d'Einstein, un cas particulier, est par exemple défini par $k = 1$ et la fonction $R(t)$ constante (égale au rayon de l'espace physique représenté par une 3-sphère). Les équations d'Einstein (sous leur forme simplifiée des équations de Friedmann) relient ces grandeurs au contenu de l'Univers. Si nous connaissions exactement ce contenu, elles permettraient de reconstituer parfaitement la fonction $R(t)$, et donc de préciser complètement le modèle cosmologique.

Ce que nous montrent les décalages observés, et la loi de Hubble-Lemaître, c'est que la fonction $R(t)$ est aujourd'hui croissante : elle augmente au fur et à mesure de l'évolution de l'Univers, ce qui exprime l'expansion. Il n'y a pas de sens à parler de «vitesse» de l'expansion, en revanche, le *taux d'expansion*, également appelé «paramètre de Hubble-Lemaître», est intéressant. Il est défini à partir de la loi d'évolution du facteur d'échelle comme la quantité $H = [R'(t)/R(t)]$, où R' est la dérivée de la fonction R par rapport au temps cosmique. Sa valeur actuelle H_0 s'identifie à la constante de Hubble-Lemaître.

Le paramètre H varie lui-même avec le temps cosmique, mais la constante H_0 est... constante : c'est la valeur actuelle du paramètre, comme le signale l'indice 0. Mais ce n'est pas parce que nous connaissons la valeur actuelle de H que nous connaissons sa valeur n'importe quand. Selon que ce taux lui-même augmente ou diminue avec t, l'expansion est accélérée ou décélérée.

Connaître la fonction $R(t)$ constitue sans doute le principal problème de la cosmologie depuis un siècle. Si l'on croit au principe cosmologique, cette fonction détermine complètement le modèle cosmologique. Et elle permet en particulier de calculer l'âge de l'Univers selon ce modèle : il sera défini, et fini, s'il existe une valeur de temps cosmique pour laquelle R s'annule, autrement dit si le modèle est un modèle de Big Bang.

La saga de H_0

On ne saurait trop insister sur l'importance de la constante de Hubble-Lemaître.

En premier lieu, son existence même constitue une première justification de la cosmologie relativiste, dans le sens où elle représente une propriété que l'on ne peut attribuer à rien d'autre qu'à l'Univers, à l'Univers dans son ensemble et non pas, par exemple, à des galaxies. Ces dernières n'ont servi que d'intermédiaires pour la découvrir et l'estimer, mais H_0 ne peut se comprendre autrement que comme une propriété de l'Univers lui-même, de l'espace-temps. Et cela nous autorise à parler de ce dernier comme d'un objet légitime de la physique en tant que discipline scientifique : un objet qui possède des propriétés mesurables. H_0 est la première de ces propriétés, d'autres viendront par la suite.

De manière plus concrète, cette constante sert de fondement à toutes les estimations de distances et de durées cosmiques, et donc en particulier aux estimations de l'âge de l'Univers qui dépendent avant tout de sa valeur. Toute mauvaise estimation de H_0 se traduirait par une erreur sur l'âge estimé de l'Univers. C'est exactement ce qui s'est passé avec les premières valeurs annoncées par Hubble ou Lemaître. C'est encore ce qui se passe aujourd'hui, dans une moindre mesure, comme nous le décrivons plus bas (voir partie Controverse au chapitre 9, p. 189).

Le principe de la mesure de H_0 est simple : puisqu'elle intervient dans la loi de Hubble-Lemaître $V = H_0 D$, il suffit de mesurer V et D pour en tirer sa valeur. En général, la mesure de la vitesse radiale *V* d'une galaxie ne pose guère de problème, du moins pour une galaxie pas trop éloignée : les lois de l'effet Doppler indiquent que sa valeur est donnée par *cz*, où *z* est le décalage vers le rouge ; ce dernier est mesuré par spectroscopie (comme l'avait fait Slipher) avec une précision largement suffisante.

Comme nous le décrivons ici, le décalage vers le rouge d'une galaxie était interprété comme causé par sa « vitesse d'expansion », autrement dit sa vitesse relative par rapport à nous. Le terme est aujourd'hui consacré mais ce langage est néanmoins un peu abusif car, en relativité générale, il n'y a pas grand sens à parler de vitesse entre deux objets (deux galaxies) qui ne résident pas au même endroit. De fait, l'état d'une galaxie lointaine dont nous observons le décalage vers le rouge est ce qui se rapproche le plus du repos. Simultanément immobile et entraînée par l'expansion de l'espace, elle est qualifiée de « comobile ».

Mais en réalité, aucune galaxie ne suit exactement la loi d'expansion : chacune est plus ou moins attirée par une galaxie ou un amas voisin : l'attraction gravitationnelle d'une concentration de matière proche lui confère une *vitesse propre* qui s'additionne à sa vitesse d'expansion. Or ce que l'on mesure, c'est évidemment la somme des deux (sa composante radiale)

$V_{expansion} + V_{propre}$, alors que seule $V_{expansion}$ intervient dans la loi Hubble-Lemaître. Pour la galaxie d'Andromède très proche, par exemple, la vitesse propre due à l'attraction gravitationnelle de la Voie lactée dépasse très largement celle de l'expansion, au point que la galaxie d'Andromède se rapproche de nous, et se mêlera à la Voie lactée d'ici quelques milliards d'années. Cela la rend inutilisable pour estimer H_0.

Le premier remède à ce problème consiste à s'intéresser aux galaxies les plus distantes possible*: par définition, la vitesse de récession $V_{expansion}$ augmente, tandis que la vitesse propre, qui n'est due qu'à des effets de l'environnement de la galaxie observée, reste du même ordre, si bien que sa contribution relative diminue avec l'éloignement. Le second remède consiste à se tourner vers des estimations statistiques: si l'on sélectionne un échantillon de galaxies aux éloignements à peu près identiques, leurs vitesses d'expansion doivent être du même ordre, et donc du même ordre que leur valeur moyenne également. En revanche, on s'attend à ce que les vitesses propres aient un caractère aléatoire et s'annulent

* Mais pour des galaxies trop lointaines, la loi de Hubble-Lemaître linéaire ne s'applique plus: elle est modifiée par les effets de courbure de l'espace-temps, notamment l'accélération de l'expansion; ce qui est à la base du principe des tests cosmologiques.

en moyenne. On applique donc la loi de Hubble-Lemaître d'une manière statistique, ce qui n'est pas sans poser quelques problèmes techniques.

Facile à dire…

Reste qu'il faut aussi mesurer les distances des galaxies, ce qui est beaucoup plus délicat et pose des problèmes d'une autre nature. C'est ce qui explique que les mesures des décalages par Slipher ont précédé de plusieurs années celles des distances par Hubble.

La méthode des parallaxes, mentionnée plus haut, ne peut être utilisée au-delà de quelques étoiles proches et ne peut renseigner sur l'éloignement d'une galaxie (la situation a changé aujourd'hui grâce aux observations par satellites). Il faut donc utiliser une méthode indirecte. Le principe est de comparer un astre lointain avec un autre, plus proche, dont on a déjà estimé la distance ; par exemple en mesurant le rapport de leurs éclats. C'est le principe de l'« échelle des distances ». Mais chaque échelon, chaque étape de cette méthode fait intervenir des incertitudes ; ces incertitudes se cumulent de proche en proche et contribuent finalement à une imprécision pour toute mesure d'éloignement d'une galaxie. Là encore, on s'en tire par des estimations moyennes sur un échantillon de galaxies, en espérant que les erreurs se compensent. Tout ceci est facile à dire, mais extrêmement compliqué dans la pratique.

Dans les années 1920, Lemaître et Hubble avaient initialement proposé pour H_0 une valeur voisine de 500 km/sec/Mpc. Elle s'est révélée par la suite beaucoup trop élevée. La plupart des distances étaient estimées selon la méthode des céphéides mais on ignorait à l'époque qu'il existait deux types différents de céphéides. L'erreur consistant à ne pas les distinguer avait conduit à de mauvaises estimations de distances et finalement à une surestimation de H_0. Par ailleurs, Hubble avait confondu certains nuages de gaz (appelés « régions HII ») avec des étoiles brillantes. Ces erreurs eurent à l'époque des répercussions immédiates sur les premières estimations de l'âge de l'Univers, comme nous le détaillons plus bas. Elles ne furent corrigées que dans les années 1950 par l'astronome allemand Walter Baade : la valeur adoptée pour H_0 fut divisée par deux, et du même coup l'âge de l'Univers fut multiplié par le même facteur.

Mais ce n'était qu'une étape. Les progrès des techniques d'observation, et de notre compréhension de la physique stellaire et galactique, permirent de rectifier d'autres sources d'erreur dans les estimations initiales. Les astronomes se mirent à calibrer à nouveau toutes les distances de galaxies, en utilisant autant que possible des méthodes différentes afin d'éviter des erreurs systématiques. La difficulté de ce travail peut être illustrée par la controverse qui a régné dans les dernières décennies du XXe siècle où deux écoles s'affrontèrent. La première, autour de l'Américain Allan Sandage, défendait une valeur voisine de 50. La seconde, autour de Gérard de Vaucouleurs, astronome américain d'origine française, soutenait une valeur deux fois plus élevée, autour de 100. Il semblait impossible de trancher ; jusqu'à ce que la mise en orbite du télescope spatial Hubble permette d'observer des céphéides dans des galaxies éloignées, et donc d'estimer leurs éloignements d'une manière plus directe. Huit années d'observation (de 800 céphéides dans 18 galaxies) fournirent une valeur voisine de 70, avec une précision annoncée de l'ordre de 10 %.

Depuis, des méthodes complémentaires ont confirmé cet ordre de grandeur. Pourtant, les estimations actuelles ont encore fait surgir quelques discordances, au niveau de quelques pour cent, qui rejaillissent sur les estimations de l'âge de l'Univers (que j'appellerai à présent T_U pour aller vite).

L'univers hésitant de Lemaître

La famille Friedmann-Lemaître comprend une multitude de modèles qui décrivent un univers en expansion, où la valeur de H_0 est ajustée aux résultats d'observations. Une des tâches de la cosmologie consiste à sélectionner le meilleur modèle parmi eux pour décrire notre univers.

En 1931, dans un article intitulé « *The Expanding Universe* », Lemaître en propose un nouveau, dit d'« univers hésitant ». Il suppose une constante cosmologique et décrit le contenu matériel par une densité et une pression constantes dans l'espace, en conformité avec le principe cosmologique*. Prenant en compte les lois ordinaires de la physique, Lemaître comprend que l'expansion cosmique implique la dilution de cette densité et de cette pression. Tout simplement parce que matière et énergie se conservent, si bien qu'une même quantité se retrouve dans un volume de plus en plus étendu en raison de l'expansion : elles se diluent. À l'inverse, plus on remonte loin dans le passé, plus la matière et l'énergie étaient

* Il choisit également une géométrie particulière pour l'espace, ou plutôt pour les sections spatiales : celle d'un espace projectif, à la topologie particulière (voir par exemple Lachièze-Rey M., et Luminet J.-P., « *Cosmic Topology* », *Physics Reports*, vol. 254, 1995, p. 135-214) ; mais ce n'est pas ce qui nous importe ici.

concentrées, sans limite vers le passé. Et en vertu des lois de la physique, notamment de la thermodynamique, cela implique la même chose pour la température.

Cette caractéristique – une phase passée de l'Univers très dense, très chaude, très énergétique – correspond à ce que l'on appellera plus tard les « modèles de Big Bang ». C'est elle qui va permettre de donner un sens à la notion d'âge de l'Univers. Mais le terme n'existe pas encore. Lemaître évoque au départ son modèle sous l'appellation d'« atome primitif ». Plus tard, les physiciens nucléaires parleront d'« univers chaud ». Ce sera le physicien britannique Fred Hoyle qui, en 1949, lors d'une émission radiophonique, introduira le terme « *Big Bang* ». C'est ce terme que j'emploierai désormais, par commodité.

Cette proposition de Lemaître a déchaîné les passions : les calculs selon ce modèle impliquent que la fonction *R(t)* s'annule pour une certaine valeur du temps cosmique. Appelons cette valeur t_S, pour « singularité ». Il sera commode de la fixer par convention à zéro, mais cela n'a aucune importance, pas plus que de prendre le zéro de notre calendrier à la naissance de Jésus plutôt qu'à la Révolution française. Comme la fonction représente (toujours de manière imagée) la taille de l'espace, cela veut dire que cette dernière s'est annulée pour la valeur t_S; rendant impossible toute reconstitution d'une évolution passée de l'Univers antérieure à cette limite. Et si l'on appelle t_0 la valeur du temps cosmique aujourd'hui, la différence $t_U = t_0 - t_S$ sera tout naturellement qualifiée d'âge de l'Univers. La notion fait ainsi pour la première fois son entrée dans le champ de la physique, de la cosmologie scientifique. Il existe des définitions plus rigoureuses que j'évoquerai. Mais pour ces modèles simples, toutes les définitions se confondent.

La taille de l'espace

Cette idée d'une valeur nulle de la taille de l'espace a beaucoup troublé les cosmologues et les physiciens relativistes. Plus on remonte loin dans le passé, plus la taille de l'Univers se réduit. Soit ! Mais les équations de la relativité générale impliquent qu'elle s'annule véritablement lorsque l'on atteint t_S. En outre, la densité de la matière et la courbure de l'espace-temps y deviennent infinies : aucune loi de la physique ne peut plus être appliquée. On parle d'une « singularité ».

La singularité semble ainsi constituer un début à l'expansion, qui n'est donc en place que depuis une durée finie. C'est ce que l'on qualifiera d'âge de l'Univers, mais qu'il faudra définir plus correctement.

Certains sont tentés de qualifier la singularité elle-même de « Big Bang ». Mais le terme est ambigu et il vaut mieux le réserver pour qualifier les modèles, par ailleurs impuissants à décrire cette singularité elle-même et encore moins capables de dérouler une histoire cosmique qui pourrait lui être antérieure : cosmologues et physiciens sont condamnés à ne parler de l'évolution cosmique qu'*après* ce moment.

Selon le modèle de Lemaître, l'Univers subit une première phase d'expansion à partir de la singularité. Cette expansion se ralentit pour devenir une « stagnation » : une nouvelle phase où l'évolution est très réduite, presque statique, un peu comme dans le modèle d'Einstein (instable, rappelons-le). Et enfin, après cette phase « hésitante », l'expansion reprend de nouveau puis ne cesse de s'accélérer. Tout cela est décrit par la loi $R(t)$ du modèle. La période originale de stagnation, où l'Univers « hésite » à reprendre son expansion, est due à l'influence de la constante cosmologique Λ. Et à cause d'elle, l'âge de l'Univers est beaucoup plus long que si Λ n'était pas présente. De manière générale, dans tous les modèles Friedmann-Lemaître en expansion, la présence de Λ allonge la valeur de l'âge de l'Univers. Sa présence (ou, selon certains, celle d'une « énergie noire » qui jouerait un rôle similaire) est aujourd'hui jugée indispensable pour résoudre plusieurs problèmes qui se présenteraient autrement : ceux liés à l'âge de l'Univers, ainsi qu'à la formation des galaxies, sans parler de l'accélération cosmique.

Ce modèle ressemble beaucoup à ceux que nous retenons aujourd'hui pour décrire l'Univers réel.

L'expression d'atome primitif employée par Lemaître pour décrire son modèle se réfère à une autre idée, tout à fait nouvelle, qu'il introduit à l'occasion. Dans ses instants les plus reculés, en son époque très primordiale qui suit la singularité, l'Univers devait être très chaud et très concentré. Non seulement son contenu devait être bien différent de celui qui nous environne aujourd'hui (pas de galaxies, pas d'étoiles ni de planètes, pas d'atomes ni de molécules) mais les lois qui le gouvernent devaient aussi être particulières. Ni Lemaître ni personne à l'époque ne connaissait les lois de la physique atomique et de la physique nucléaire. Même de nos jours, nous ne savons pas les appliquer à des densités et des températures aussi élevées !

Selon les physiciens d'aujourd'hui, tout ceci doit être décrit par les lois de la physique quantique. Dans les années 1930 où travaillait Lemaître, cette discipline est tout juste en train de se mettre en place. Il pressent que ce qui se déroule dans l'univers primordial doit la faire intervenir et qu'elle a dû jouer un rôle important. Il suggère que, sous l'effet de l'intense concentration, elle impliquerait que la totalité du contenu de l'Univers aurait été condensée sous forme d'une entité unique, un état quantique particulier. Sans définir sa nature et ses propriétés exactes, il le qualifie d'« atome primitif » et c'est sous cette appellation qu'il évoque son modèle. Il ne faut pas, cependant, prendre le terme « atome » dans le sens que nous lui donnons aujourd'hui, mais plutôt dans celui de « quantum ».

L'idée de Lemaître était que, plus on remonte dans le passé, plus l'Univers devait se présenter dans un état simple que la physique quantique devrait pouvoir décrire sous la forme d'un unique *quantum*, un atome-univers qui, par la suite, se serait fragmenté en morceaux plus petits. Une évolution qu'il compare à un feu d'artifice : « L'évolution du monde peut être comparée à un feu d'artifice qui vient de se terminer. Quelques mèches rouges, cendres et fumées. Debout sur une escarbille mieux refroidie, nous voyons s'éteindre doucement les soleils et cherchons à reconstituer l'éclat disparu de la formation des mondes[4]. »

Même si l'idée est encore vague, sans formulation très précise, elle anticipe les travaux des dernières décennies où de nombreux cosmologues, dont le plus connu était sans doute Stephen Hawking, tentent de formuler une théorie de « cosmologie quantique », dont Lemaître apparaît ainsi comme le précurseur. Cette approche, pas encore au point aujourd'hui, voudrait décrire l'univers entier comme un système quantique caractérisé par une fonction d'onde, comme la physique quantique standard le fait aujourd'hui pour un atome ou un système microscopique.

La cosmologie étant gouvernée par la gravitation, il est naturel de penser qu'une cosmologie quantique doit reposer sur une théorie de *gravité quantique* (de la même manière que la cosmologie non quantique repose sur la relativité générale, qui est une théorie de gravité non quantique). Einstein fut l'un des premiers à exprimer la nécessité d'harmoniser physique quantique et théories relativistes, rêve après lequel courent encore aujourd'hui de très nombreux physiciens théoriciens : la gravité quantique constitue un champ très actif de la recherche actuelle[5].

Premiers rejets

C'est peu dire que, à l'époque, le modèle de Lemaître ne jouit pas d'une grande popularité. Au départ, certains eurent du mal à accepter l'idée d'expansion, mais l'essentiel de la communauté s'y est pliée, dont Einstein en 1931.

La première nouveauté qui déroute, commune à tous les modèles de la famille Friedmann-Lemaître, c'est l'idée d'un univers en évolution : l'espace lui-même (défini au sein de l'espace-temps) évolue, c'est la définition même de l'expansion. L'espace à chaque instant (hier, aujourd'hui, demain... à prendre dans un sens intuitif et non pas rigoureux) représente une tranche (à trois dimensions) de l'espace-temps (à quatre dimensions). Et ce dernier se constitue de l'empilement continu de ces tranches. Parler d'évolution de l'espace, c'est dire que ces tranches ne sont pas identiques. Cela pourrait sembler une pure curiosité géométrique, si le contenu n'évoluait également sous l'effet de la dilution et du refroidissement entraînés par l'expansion : plus on remonte dans le passé, plus le contenu de l'Univers est dense, concentré. Mais comme les lois de la physique relient la température à la densité (nos frigidaires engendrent du froid par des effets de dilution), la température devait elle aussi être très intense dans le passé. Aucun des objets présents aujourd'hui ne devait exister. Les processus en jeu n'avaient rien à voir avec ceux que nous pouvons observer autour de nous... C'est une véritable révolution conceptuelle et certains auront du mal à l'admettre.

Ce qui choque encore davantage, c'est la notion de singularité. Aucune loi physique ne gère des valeurs infinies, que ce soit pour la courbure, la densité ou la température. Comment aborder alors ce supposé instant initial aux caractéristiques monstrueuses, que certains voudront appeler « Big Bang » ? Doit-il être considéré comme réel ? Ou bien comme une fiction, une limite à exclure du domaine de la physique, de l'histoire de l'Univers ? Dans tous les cas, cela signifierait que l'espace-temps possède une frontière temporelle, une idée qui ne séduit guère. Aujourd'hui, de nombreux physiciens pensent que l'on ne peut aborder les conditions extrêmes de cet univers passé avec nos théories physiques actuelles ; que cela nécessite de nouvelles lois physiques que nous ne connaissons pas encore ; par exemple gravité et cosmologie quantiques que je viens d'évoquer. L'idée est que la prise en compte de la gravité quantique ferait disparaître la singularité si gênante, par exemple en la remplaçant par l'occurrence d'un « rebond cosmique ».

Ce que signifie la singularité

Le terme de « singularité » a une signification mathématique précise. Il dénote la faillite des notions géométriques habituelles. Il dénonce le fait que l'espace-temps se concentre infiniment, que les quantités physiques deviennent infinies. Tout ce que l'on peut en savoir, c'est que les lois de la physique (dont celles de la relativité générale) ne s'y appliquent plus. Certains se refuseront à accepter une telle chose et rejetteront les modèles correspondants. Sinon, faute de mieux, on la mettra de côté, sans trop se préoccuper de sa nature, et l'on considérera les modèles de Big Bang (leur appellation actuelle) comme décrivant l'histoire cosmique après la singularité. C'est de cette manière qu'il convient en effet de les considérer.

En cette année 2020 (à l'heure où j'écris ces lignes), le prix Nobel de physique vient d'être attribué (pour moitié) au physicien et mathématicien britannique Roger Penrose. La récompense consacre ses travaux sur les trous noirs, mais en fait ceux-ci concernent les singularités de manière plus générale. En collaboration avec Stephen Hawking, Penrose a montré que, sous des conditions raisonnables, une singularité était inévitable dans les modèles relativistes, détruisant l'espoir de certains physiciens qui estimaient que son occurrence pouvait peut-être résulter de simplifications trop grandes dans les calculs. En fait, de nombreux physiciens (Penrose inclus) pensent aujourd'hui, comme nous verrons dans les dernières parties de cet ouvrage, que la prise en compte d'effets quantiques (c'est-à-dire en allant au-delà de la relativité générale, par exemple selon une cosmologie quantique) pourrait permettre d'envisager des modèles cosmologiques débarrassés de cette singularité ; une remise à jour des idées originales de Lemaître.

Reste que, singularité ou non, dans les instants qui suivent cette période, que l'on qualifie d'« univers primordial », la plupart des quantités physiques devaient prendre des valeurs, certes non infinies, mais extrêmement élevées. Nos lois physiques sont adaptées aux conditions d'aujourd'hui, où nous avons pu les confronter à l'expérience. Mais nous n'avons jamais eu l'occasion de les mettre à l'épreuve dans des situations aussi extrêmes. Nous restons donc impuissants à décrire tout cela avec précision et ce domaine de la cosmologie primordiale, bien que très actif aujourd'hui, reste extrêmement spéculatif, à tel point que certains l'abordent d'une manière quelque peu fantaisiste. Ce que nous pensons pouvoir reconstituer correctement, et qui constitue l'essentiel des modèles de Big Bang, commence, pour dire les choses grossièrement, à la première minute après la singularité et s'étend jusqu'à aujourd'hui. À ce moment, la température ne dépasse pas quelques milliards de degrés. C'est suffisamment «froid», pensons-nous, pour que nous puissions raisonnablement appliquer les lois que nous connaissons. C'est ce qui fait véritablement l'objet des modèles de Big Bang. Ce qui se déroule avant relève de la spéculation.

Faux pas papal

La singularité gêne les physiciens et les mathématiciens qui s'intéressent à la physique. Mais ce qui gêne aussi, et sans doute encore davantage, c'est l'idée d'un début de l'expansion, vite assimilé à un début de l'Univers, voire pour certains à une création.

« Philosophiquement, la notion d'un début à l'ordre présent de la nature me répugne », déclare Eddington[6], pourtant un des plus fervents partisans de la relativité générale, et l'un des premiers à avoir accepté l'expansion de l'Univers. Réponse de Lemaître : « Un tel commencement est sans doute assez éloigné de l'ordre présent de la nature pour ne plus répugner. » Mais Eddington n'acceptera jamais l'idée de la singularité initiale.

Einstein rejette également les idées de Lemaître, comme « inspirées par le dogme chrétien de la création, et totalement injustifiées du point de vue physique ». On voit resurgir la redoutable inefficacité du discours religieux, déjà mentionnée. Mais cette fois, le récit cosmologique (selon les modèles de Big Bang) n'est pas rejeté parce qu'il divergerait du récit religieux mais, au contraire, parce qu'il s'en rapproche trop, parce qu'il ressemblerait trop à certains passages des écritures. On soupçonne Lemaître de « concordisme », c'est-à-dire d'avoir été influencé par un désir de concilier science et religion. Lemaître est *a priori* suspect, car chanoine de l'Église catholique. Pourtant, les historiens ont établi depuis le caractère véritablement scientifique de son travail, dépourvu de toute intention « concordiste ».

Comment Lemaître conciliait-il son travail scientifique et sa foi chrétienne ? La question est évidemment légitime, mais difficile[7]. Il a toujours assuré mener son travail conformément à la pratique scientifique ; à bon droit, comme l'ont établi aujourd'hui les historiens et les épistémologues.

Le pape Pie XII ne lui a pas facilité la tâche. En 1951, dans un discours intitulé « Les preuves de l'existence de Dieu à la lumière de la science actuelle de la nature », il déclara à propos des modèles de

Big Bang que « l'esprit éclairé [...] entrevoit et reconnaît l'œuvre de la Toute-Puissance créatrice, dont la vérité, suscitée par le puissant "Fiat" prononcé il y a des milliards d'années par l'Esprit créateur, s'est déployée dans l'Univers » ! Ses mots s'envolent : « Ainsi, création dans le temps ; et pour cela, un Créateur ; et par conséquent, Dieu ! Le voici, donc – encore qu'implicite et imparfait – le mot que Nous demandions à la science et que la présente génération attend d'elle. »

Lemaître est consterné par cette assimilation du Big Bang au *fiat lux* (« Que la lumière soit ! ») des écritures. Il devra faire intervenir le conseiller scientifique papal Daniel O'Connell pour réussir à persuader Pie XII de renoncer à ses déclarations créationnistes.

Les cosmologues vont cependant, pour l'essentiel, se convaincre de la pertinence de ces modèles. Einstein par exemple, d'abord refroidi par une trop grande similitude avec le récit religieux, finira par reconnaître le caractère proprement scientifique des travaux de Lemaître et à accepter l'idée des modèles de Big Bang. Il en proposera même, avec De Sitter, un représentant dont je dirai deux mots.

D'autres, comme l'astrophysicien britannique Fred Hoyle, ne cesseront de les critiquer. L'idée d'un début de l'Univers déplaisait à Hoyle: il la considérait comme de la « pseudo-science », irrationnelle et trop ressemblante au récit des écritures. Cela le conduira à élaborer et soutenir des modèles concurrents d'« univers stationnaire »; des modèles où l'Univers n'a pas d'âge. Mais Hoyle montre également, lui aussi, d'une manière différente, certains signes de concordisme en évoquant un « principe anthropique »: « Je ne crois pas qu'il puisse y avoir un scientifique qui, ayant examiné la preuve, manquerait d'en inférer que les lois de la physique atomique ont été délibérément conçues en vertu des conséquences qu'elles ont dans les étoiles »; ces conséquences signifiant finalement la possibilité d'existence de l'Homme, les termes « délibérément conçues » suggèrent la création d'un univers destiné (par qui?) à accueillir l'humanité.

Un univers stationnaire?

Ces soupçons injustifiés sur le travail de Lemaître n'ont pas aidé à l'acceptation de ses idées. Mais ces dernières vont finalement prendre leur place dans la cosmologie scientifique. Néanmoins, un problème plus concret se présenta, lié précisément à l'âge de l'Univers.

La communauté a oublié en grande partie le modèle hésitant de Lemaître; il est pourtant très intéressant (il ressemble beaucoup aux versions retenues actuellement) car, précisément, l'influence de la constante cosmologique le préserve des problèmes liés à l'âge de l'Univers. Mais Einstein avait rejeté cette constante après la découverte de l'expansion et ne voulait plus y revenir. La légende raconte qu'il aurait déclaré que son introduction fut la plus grande erreur de sa vie (mais voir la partie « Accélération cosmique » au chapitre 9 p. 201). Ironiquement, c'est peut-être cette déclaration qui fut en réalité sa plus grande erreur.

Toujours est-il qu'en 1932, il propose, en association avec De Sitter, un nouveau modèle d'où celle-ci est absente. À cause sans doute de la personnalité d'Einstein, ce modèle sera considéré comme *le* modèle de Big Bang*. Les autres représentants de la famille seront occultés. Or ce modèle, malgré quelques caractéristiques intéressantes, présente ce fameux problème lié à l'âge de l'Univers. Loin d'être anecdotique, il conduira au rejet de toute la classe

* Un modèle de Big Bang (dénomination actuelle) est un modèle de Friedmann-Lemaître où $R(t)$ s'annule dans le passé. Mais ils ne seront ainsi qualifiés qu'à partir de 1948 : Fred Hoyle, qui n'était pas tendre avec Lemaître, le qualifia de « *Big Bang man* » au cours d'une émission radiophonique et l'expression est restée. Entre-temps, ces modèles avaient pris l'appellation d'« univers chaud ».

des modèles de Big Bang, y compris ceux qui ne le présentent pas.

En réaction à cette difficulté, ainsi que pour éviter la singularité, va se développer la théorie des « univers stationnaires » (*Steady State theory* en anglais) concurrente des modèles de Lemaître. C'est aussi à cette période que l'intérêt envers la cosmologie se refroidit. Beaucoup de physiciens se passionnent pour le développement de la toute jeune physique quantique à côté de laquelle la cosmologie apparaît comme une discipline très formelle, éloignée de toute possibilité d'observation, presque une branche de la philosophie. Pendant quelque temps, les physiciens ne vont lui accorder qu'un intérêt restreint.

Les univers stationnaires furent d'abord mis en avant par l'Américain Thomas Gold et le Britannique Hermann Bondi, en 1948 ; puis repris et améliorés, la même année, par le Britannique Fred Hoyle. Ils tiennent compte de l'expansion de l'Univers, mais contestent les conclusions qu'en tire Lemaître ; en particulier l'idée selon laquelle les conditions de l'Univers se modifient, qu'il se dilue, qu'il se refroidit. Ils défendent un univers qui garde toujours la même apparence à n'importe quel instant.

Mais comme l'avait souligné Lemaître, l'expansion dilue et refroidit la matière. Si l'on veut que l'Univers conserve toujours la même apparence, il faut imaginer un mécanisme compensateur : un processus de création permanente et spontanée de matière, à chaque endroit de l'Univers, à chaque instant. Environ la masse d'un proton par litre et par milliard d'années. C'est peu, mais cela contredit bien entendu les lois de la physique. Hoyle introduisit alors le « champ de création » (ou champ C), qu'Einstein qualifia de « spéculation romantique ». Ce champ C permettait malgré tout de construire un modèle d'univers stationnaire qui se révélait conforme aux équations de la relativité générale.

La géométrie de ces modèles ressemble à celle du modèle de De Sitter. Comme lui, elle décrit un univers parfaitement symétrique et, comme tous ceux de la famille Friedmann-Lemaître, elle obéit au principe cosmologique : à chaque instant l'espace est parfaitement symétrique. Mais encore mieux, ces modèles obéissent au « principe cosmologique parfait » qui déclare la symétrie parfaite non seulement de l'espace mais de l'espace-temps (ce qui est une autre manière de déclarer que l'état de l'Univers reste toujours identique au cours de l'évolution cosmique). Comme le modèle de De Sitter, là encore. Le rôle de la constante cosmologique y est rempli en quelque sorte par le champ C (auquel la notion d'énergie noire que certains évoquent aujourd'hui, ressemble beaucoup). Dans ces modèles stationnaires, l'Univers n'a pas d'âge.

Le physicien Bryce DeWitt a affirmé que « tout le monde savait (même si personne ne l'a écrit) que le modèle d'univers stationnaire était motivé par des sentiments anti-religieux[8] ». Peut-être exagérait-il, mais il est certain que l'idée d'un début de l'Univers, associée aux modèles de Big Bang, a joué un rôle de repoussoir. Il s'ajoutait aux difficultés des modèles de Big Bang liées à l'âge de l'Univers (voir le début du chapitre 10), difficultés qui ne concernaient en fait que les versions sans constante cosmologique. De ce fait, ces modèles stationnaires sont devenus à l'époque très populaires. Ils le sont restés jusque dans les années 1950, quand le radioastronome Martin Ryle a montré qu'ils étaient contredits par les résultats d'observations de décalages et brillances de sources de rayonnement radio. En effet, de telles relations, pour des sources cosmiques réparties dans l'espace-temps, manifestent certains aspects de la courbure de ce dernier, auxquels doit se plier le modèle cosmologique. Les observations de Ryle constituent un cas typique de ce que l'on appelle un « test cosmologique » : un procédé qui dévoile certains aspects de la géométrie de l'espace-temps à partir des observations. Un test cosmologique qui fut fatal aux modèles stationnaires.

En outre, à partir de cette période, des résultats concernant les abondances de certains éléments chimiques dans l'Univers, et surtout la découverte et les propriétés du fond diffus cosmologique, se révélèrent en contradiction avec les modèles stationnaires sans âge; et au contraire en parfait accord avec ceux qui allaient bientôt être baptisés modèles de Big Bang.

Le Big Bang confirmé

Dans les années 1940, la physique nucléaire commence à se développer; quelques physiciens se rendent compte que les conditions de l'univers primordial, selon les conceptions de Lemaître, étaient tout à fait favorables au déroulement de réactions nucléaires: forte densité, forte température et fortes énergies. Depuis plusieurs décennies, les physiciens s'interrogeaient sur l'origine des différents éléments chimiques présents dans l'Univers. Ils commençaient à se douter que certains d'entre eux avaient pu être fabriqués par des réactions nucléaires au cœur des étoiles, mais plusieurs arguments suggéraient que ce ne pouvait pas être le cas pour la totalité d'entre eux. C'est pourquoi quelques-uns ont cherché à vérifier si certains éléments n'avaient pas pu être fabriqués dans les conditions denses et chaudes de l'univers primordial que décrivaient les modèles de Big Bang, conditions auxquelles l'astrophysicien américain Ralph Alpher donna le nom de *Ylem* dans les années 1940.

Alpher était un collaborateur du physicien américain George Gamow, émigré de l'Union soviétique. Ensemble, avec leur collègue Robert Herman, ils s'attaquèrent sérieusement à la question. Ils se rendirent compte d'abord qu'il était impossible que *la totalité* des noyaux d'éléments chimiques aient été fabriqués ainsi (il sera établi plus tard que la plupart ont été synthétisés par les réactions nucléaires dans les cœurs denses des étoiles). Mais ils réussirent à établir quels types de réactions nucléaires avaient pu se dérouler dans ces conditions particulières très chaudes et très denses de l'univers primordial, caractérisées par une situation de déséquilibre causée par l'expansion cosmique : ces réactions avaient dû fabriquer certains des éléments chimiques les plus légers (deutérium, hélium, lithium), selon le processus appelé « nucléosynthèse primordiale »[9] qui s'est déroulé dans les minutes qui ont suivi la singularité.

Pour la petite histoire, Gamow était connu pour son caractère facétieux. L'un de ses articles avec Alpher devait paraître le premier avril. Il ne put résister à l'envie d'ajouter à la liste des signataires le nom de Bethe, autre physicien nucléaire, bien que ce dernier n'eut pas participé à leur travaux: cela lui permit de s'y référer sous l'appellation « alpha beta gamma ». Il alla jusqu'à suggérer à Herman de modifier son nom pour prendre celui de Delter afin de compléter la séquence alphabétique. Toujours est-il que ces travaux commencèrent à convaincre la communauté car les observations révélèrent bientôt que les abondances de ces éléments légers, mesurées dans l'univers réel, correspondaient effectivement à ce qu'indiquaient ces calculs. La communauté commença à regarder les modèles de Big Bang d'un œil plus favorable.

La caractéristique principale des modèles de Big Bang tient au caractère très chaud et très dense du passé, de l'univers primordial. Dans de telles conditions, les lois de la physique impliquent qu'il devait être rempli d'un rayonnement électromagnétique intense et énergétique ; un rayonnement qui n'aurait pas disparu, et que nous pourrions encore observer aujourd'hui. C'est ce que l'on appelle le « fond diffus cosmologique ».

Lemaître, toujours lui, avait été le premier à en soupçonner l'existence, d'une manière encore très vague. Plus tard, lors de leurs calculs de nucléosynthèse en 1948, Alpher et Herman avaient conclu que l'Univers devait être encore rempli aujourd'hui de ce rayonnement, refroidi par l'expansion cosmique : qu'il devait être baigné par une radiation électromagnétique diffuse, de longueur d'onde voisine du millimètre, ce que les physiciens expriment par une « température de rayonnement » de quelques degrés kelvin seulement. Une prédiction déterminante du modèle concernait la « répartition spectrale » de ce rayonnement, c'est-à-dire de son intensité en fonction de la longueur d'onde : cette dernière devait refléter les conditions d'équilibre thermodynamique régnant dans l'univers primordial, ce qui impliquait une forme caractéristique que les physiciens appellent un « spectre de corps noir » (ou « spectre thermique ») ; le terme « rayonnement de corps noir » est ainsi utilisé en cosmologie pour qualifier ce rayonnement, dont l'origine remonte à environ 13 milliards d'années, une époque de l'évolution cosmique que l'on qualifie de « recombinaison »*.

* Cette appellation provient du fait que le rayonnement a été engendré (ou plutôt, « libéré ») à la suite de la combinaison des électrons avec les protons, de manière à former les premiers atomes d'hydrogène. Ceci alors que la température de l'Univers était descendue aux environs de 10 000 degrés kelvin (voir Lachièze-Rey M., *Initiation à la cosmologie*, ouvr. cité).

Ces prédictions étaient un peu prématurées ; elles furent renouvelées dans les années 1960, en URSS, par le soviétique Yakov Zel'dovich, et à l'université de Princeton, par le physicien américain Robert Dicke et ses collaborateurs qui étudiaient certains modèles particuliers dans la famille Friedmann-Lemaître : des modèles d'univers oscillants où des cycles de contraction et d'expansion pourraient se succéder, séparés par des rebonds cosmiques où la dimension de l'espace atteindrait chaque fois une valeur minimale. Après avoir renouvelé la prédiction, l'équipe décida de construire un radiomètre qui permettrait de détecter le rayonnement prévu.

L'histoire a voulu que ce soient deux autres radioastronomes, Arno Penzias et Robert Wilson (travaillant aux Bell Company laboratories, dans le New Jersey) qui soient les premiers à le détecter, avant que le radiomètre de Dicke soit au point. Ce fut accidentel : ils utilisaient une antenne initialement construite pour communiquer avec un des premiers satellites artificiels de télécommunication, baptisé Echo, qu'ils avaient améliorée pour observer la galaxie.

Ils ne comprirent pas tout de suite ce qu'ils avaient détecté, le prenant pour un bruit parasite à une longueur d'onde de 7,35 cm. Mais les caractéristiques de ce bruit restaient incompréhensibles. Finalement, après contact avec l'équipe de Princeton, la nature de la découverte fut reconnue et publiée conjointement en juillet 1965 dans *Astrophysical Journal*. La découverte valut à Penzias et Wilson le premier prix Nobel de physique attribué à la cosmologie, en 1978.

La détection fut confirmée la même année par l'équipe de Dicke (à la longueur d'onde de 3,2 cm); puis bientôt par d'autres observations qui établirent la (presque) parfaite isotropie de ce rayonnement, ainsi que son caractère thermique, en parfaite conformité avec les modèles de Big Bang et sans qu'aucune autre possibilité d'explication ne puisse être avancée. Ce rayonnement diffus, ce fond diffus cosmologique, apparaissait comme un fossile de l'univers primordial: ce fut la consécration des modèles de Big Bang, auxquels la découverte entraîna rapidement l'adhésion de la communauté. Il faut dire que son adéquation est impressionnante; à tel point qu'aucune explication concurrente n'a jamais pu être inventée depuis, malgré le rêve secret de tout cosmologue d'atteindre la célébrité en infirmant ces modèles.

À partir de cette découverte, les modèles de Big Bang furent unanimement reconnus, ou presque. Il y eut bien sûr des tentatives de modèles concurrents mais aucun n'a jamais réussi à rendre compte des abondances des éléments légers, ni de l'existence et des propriétés du fond diffus cosmologique. Les modèles stationnaires n'ont par exemple jamais réussi à expliquer ni l'une ni l'autre de ces observations. C'est une des raisons de leur exclusion.

Mais les modèles de Big Bang forment une famille assez vaste et reste à trouver lequel décrit le mieux notre monde réel... Les questions liées à l'âge de l'Univers jouent un rôle très important dans cette recherche, toujours active aujourd'hui.

CHAPITRE 8

TEMPS ET DURÉE

Il est temps, sans jeu de mots, d'aborder plus en détail la notion de l'âge de l'Univers qui a joué un rôle important tout au long de l'histoire de notre cosmologie moderne. Et en premier lieu de se pencher sur la manière de la définir correctement, car cela ne va décidément pas de soi.

Temps cosmique

Jusqu'ici, j'ai évoqué l'âge de l'Univers (pour un modèle de la famille Friedmann-Lemaître) comme la différence entre les valeurs du temps cosmique aujourd'hui et à la singularité. Je vais maintenant aborder sa définition d'une manière plus rigoureuse.

Une précision tout d'abord : le temps cosmique n'est défini qu'à « une constante près », tout comme celui de notre calendrier. Autrement dit, il faut lui choisir une origine. C'est pourquoi les modèles cosmologiques pour lesquels l'âge de l'Univers est défini sont globalement les modèles de Big Bang :

ceux pour lesquels il existe une singularité, ce qui n'est pas le cas de tous les modèles Friedmann-Lemaître. Mais pour eux, il est commode de fixer par convention la valeur zéro du temps cosmique à la singularité, soit $t_S = 0$ dans la notation introduite plus haut. Cette convention permet d'identifier l'âge de l'Univers à la valeur actuelle du temps cosmique.

Ainsi, temps cosmique (mis à zéro à la singularité) et âge de l'Univers s'identifient dans le cas d'un modèle de Big Bang. Ils sont définis pour n'importe quel événement dans l'histoire de l'Univers.

Jusqu'ici, j'ai un peu considéré le temps cosmique comme un temps qui s'écoulerait dans l'Univers, plus ou moins à la manière du temps newtonien. Mais la réalité est bien différente au point qu'il est pertinent, comme je le montrerai, de comparer plutôt le temps cosmique à la *latitude* sur notre planète. Il existe en tout cas plusieurs manières équivalentes de le définir, sans que l'on n'ait jamais besoin de faire appel à la notion de temps elle-même.

Dans tout ce qui suit, un point de l'espace-temps est assimilé à un événement. Le but sera d'abord de *définir* ce qu'est le temps cosmique pour cet événement ; autrement dit, de définir le processus qui permet d'associer un nombre à ce point, à cet événement. Ce sera ensuite une autre histoire d'estimer sa valeur...

Ce calcul pourra s'appliquer à n'importe quel événement. Pour fixer les choses, il sera commode d'y penser comme « ici et maintenant ». Comment définir ce qu'est le temps cosmique aujourd'hui, et par suite ce que l'on peut qualifier d'âge de l'Univers ?

La fiction des observateurs « comobiles »

Raisonner dans l'Univers en expansion, cela exige de renoncer à toutes nos notions intuitives : celle de temps, bien entendu, mais aussi celle de simultanéité et celle de vitesse...

Dans l'univers newtonien, on aime imaginer une famille d'observateurs qui seraient tous immobiles dans l'espace, au repos les uns par rapport aux autres. Cela nous aide à mettre nos idées en place. Mais rien de tel n'est possible dans l'univers relativiste (sauf dans le cas particulier du modèle original d'Einstein). La notion de repos n'a tout simplement pas de sens, même celle de repos relatif (sauf pour deux objets qui occupent le même point de l'espace-temps). Pour faciliter les raisonnements, il faut alors imaginer ce qui ressemble le plus à une telle famille d'observateurs immobiles : ce sont les observateurs *comobiles*, des observateurs qui sont supposés suivre parfaitement la loi d'expansion, sans aucun mouvement par rapport à elle. D'une certaine manière, on pourrait presque dire qu'ils sont « immobiles » dans l'espace, mais entraînés par son expansion. Celle-ci agit comme le courant d'un fleuve qui charrie, par exemple, des troncs d'arbre immobiles sur sa surface, des « troncs *comobiles* ».

On peut alors montrer qu'un espace-temps de Friedmann-Lemaître est suffisamment régulier pour garantir l'existence d'une famille (une « congruence ») d'observateurs comobiles (fictifs). Suivant parfaitement l'expansion cosmique, ils jouent le rôle des non moins fictifs observateurs newtoniens immobiles dans l'espace. Dans une première approximation, les galaxies de l'Univers sont comobiles : aussi immobiles qu'elles puissent l'être, mais entraînées par l'expansion. Ce n'est qu'approximatif car les attirances gravitationnelles mutuelles entre galaxies, ou par de grandes concentrations massives comme les amas ou les superamas de galaxies, engendrent des *mouvements propres*. Ils se superposent au pur entraînement par l'expansion et la fiction des observateurs comobiles revient à négliger ces infractions au pur entraînement passif ; comme on parle du mouvement global d'une foule en négligeant les va-et-vient d'individus qui se regroupent, puis se détachent, pour mieux converser.

Le physicien allemand Hermann Weyl a utilisé cette fiction pour proposer une définition du temps cosmique. Tout observateur a la capacité de mesurer la durée de sa propre histoire : il lui suffit de lire sa montre. Weyl imagine une famille virtuelle d'observateurs comobiles, supposés remplir la totalité de l'espace-temps. Chacun est en principe capable de lire les durées à sa montre, ou par l'intermédiaire de n'importe quel phénomène physique. Il n'y a plus qu'à « synchroniser » toutes ces durées pour définir le temps cosmique. Ce n'est pas vraiment réalisable effectivement mais, encore une fois, la régularité des modèles Friedmann-Lemaître vient à la rescousse en permettant une mise à zéro conjointe de toutes les durées propres des observateurs comobiles ; et voici défini notre temps cosmique. Dans le cas des modèles de Big Bang, il est commode d'effectuer la mise à zéro à la singularité : en chaque point, la valeur du temps cosmique est alors la durée de l'histoire d'un observateur comobile depuis la singularité jusqu'à ce point. Et pour un modèle de Big Bang, cela définit du même coup l'âge de l'Univers.

Cette définition du temps cosmique à partir des observateurs comobiles vaut pour tous les modèles Friedmann-Lemaître et n'est rendue possible que grâce à leur régularité. Pour les modèles de Big Bang, elle donne l'âge de l'Univers. Elle a l'avantage d'être intuitive (à condition de bien vouloir imaginer ces observateurs fictifs) mais l'inconvénient de ne pas s'appliquer, dès que l'on s'écarte de cette famille de modèles très réguliers, en particulier aux modèles perturbés qui décrivent l'univers réel, et où la notion d'observateur comobile n'est pas vraiment définie.

On se tournera vers une approche géométrique de l'âge de l'Univers, plus générale, s'identifiant avec la précédente pour les modèles simplifiés.

Chronogéométrie du temps cosmique

Rappelez-vous que l'espace-temps d'un modèle cosmologique est une forme géométrique à quatre dimensions. Impossible à dessiner, impossible de se la représenter visuellement. Mais pour les formes simples des modèles Friedmann-Lemaître, on peut en acquérir une idée en « oubliant » deux des quatre dimensions et en dessinant une sorte d'espace-temps réduit à deux dimensions, suffisant pour certaines analyses.

J'ai dit par exemple que le modèle statique d'Einstein correspond à un cylindre à quatre dimensions ; une forme très simple et très particulière, parfaitement définie mathématiquement. On peut s'aider à concevoir ses principales caractéristiques en imaginant un cylindre à deux dimensions : une surface tubulaire dont les sections sont circulaires (la base du cylindre est un cercle). Les directions rectilignes perpendiculaires à ces cercles (les génératrices) correspondent alors au temps cosmique. Que cette dimension soit infinie dans les deux sens, cela traduit le fait que, selon ce modèle, le temps cosmique s'écoule depuis toujours et s'écoulera éternellement : selon ce modèle, l'Univers n'a pas d'âge.

Au contraire, un modèle décrivant un univers en expansion présentera une forme différente, évasée : une sorte d'entonnoir déformé. L'évasement représente l'expansion (en termes intuitifs, la taille de l'espace augmente avec le temps cosmique). Pour les modèles de Big Bang, qui sont des cas particuliers des modèles d'univers à expansion, l'entonnoir présente un sommet. Ce sommet s'identifie au début de l'expansion, à la singularité parfois qualifiée de Big Bang.

Les différents modèles de Big Bang se distinguent ainsi entre eux comme différentes variétés de cônes déformés. Depuis les années 1930, les progrès de la cosmologie ont essentiellement consisté à restreindre les formes aptes à décrire l'univers réel. Mais tous partagent cette même caractéristique : la présence d'un sommet.

Ces modèles décrivent la forme globale de l'Univers : on y néglige toutes les « petites » irrégularités que représentent étoiles, galaxies, etc. La forme *réelle* de l'Univers, la forme réelle de l'espace-temps, correspond à ce cône déformé tel que décrit dans le modèle, mais perturbé par ces irrégularités, avec des creux et des bosses ; tout comme la forme réelle de la Terre est celle d'une sphère perturbée par les montagnes et les vallées. En première approche, la cosmologie peut toutefois se permettre de négliger les petites perturbations.

Latitude ou temps cosmique ?

Cette analogie de la surface de la Terre permet aussi de se pencher sur la distinction entre les deux notions relativistes (ou cosmologiques) de *temps cosmique* et de *durée*, dans l'espace-temps. Car cette distinction reproduit exactement celle entre *les* deux notions qui ont cours à la surface de notre planète : *latitude* et *distance*.

La Terre présente deux points particuliers, les deux pôles ; non pas à cause de sa forme elle-même, mais parce qu'elle tourne ; ou si l'on préfère parce qu'elle a un champ magnétique. Peu importe. Où que l'on soit sur Terre, on peut repérer la direction qui pointe vers le pôle Nord : c'est le méridien. Il peut se définir aussi comme la direction correspondant à la distance minimale au pôle Nord. Cette distance est appelée la *latitude* (plus exactement, la latitude est cette distance divisée par le rayon terrestre). Or, il est évident que la distance qui sépare deux points de la surface terrestre *n'est jamais égale* à la différence de leurs latitudes, sauf dans le cas très rare où ils se situent sur le même méridien.

Peut-on définir quelque chose de semblable dans la géométrie de l'espace-temps ? Il faudrait déjà pouvoir choisir un point particulier qui jouerait le rôle du pôle Nord. Cela n'est pas possible en général, mais le devient dans le cadre d'un modèle de Big Bang, où se distingue le sommet du cône, la singularité. Alors, depuis un point (un événement) arbitraire de l'espace-temps, la direction qui pointe vers ce sommet est bien définie. Sur la sphère, on choisissait la direction qui minimisait la distance du point au pôle. Ici, c'est celle qui *maximise* les *durées* des histoires possibles qui relient le point choisi au sommet. Dans les deux cas, cela est exprimé par exactement la même condition géométrique. Maximum plutôt que minimum, durée plutôt que distance : ces différences sont dues à l'originalité de la géométrie de l'espace-temps, la chronogéométrie, par rapport à celle de l'espace (notamment le fait que la métrique de l'espace-temps est en fait une *pseudo-métrique*).

On considère alors, dans l'espace-temps, toutes les portions de lignes (c'est-à-dire les histoires) qui joignent le point choisi à la singularité, et on prend celle dont la durée est la plus longue : sa direction pointe vers le sommet du cône. C'est dans l'espace-temps l'analogue d'un méridien terrestre. On peut l'appeler un « méridien cosmique ». N'importe quel point de l'espace-temps (c'est-à-dire n'importe quel événement) se trouve sur un méridien cosmique ; et tous ces méridiens dessinent dans l'espace-temps une sorte de grille, une congruence de lignes, analogue à celle des méridiens sur Terre.

Par chaque point de l'espace-temps passe un « méridien cosmique », qui pointe vers la singularité ; le segment de ce méridien qui joint ce point à la singularité représente une histoire (fictive). Dans un modèle de Big Bang, elle se confond avec celle de l'observateur comobile mentionné plus haut car les lignes d'univers (les histoires) de ces observateurs s'identifient avec les méridiens cosmiques. Mais ici, il n'est pas nécessaire que l'on soit dans un strict modèle de Big Bang, il suffit que l'espace-temps présente un point singulier. Comme chaque histoire, elle possède une durée bien définie et c'est elle que l'on appelle le « temps cosmique » pour le point considéré (par exemple ici et maintenant).

Sur Terre, sommes-nous comobiles ? Les observations du fond diffus cosmologique suggèrent que notre galaxie se déplace à environ 600 km/s par rapport à l'ensemble de la matière cosmique. Pour le dire autrement, nous sommes comobiles à 600 km/s près. La référence étant la vitesse de la lumière qui vaut à peu près cinq cents fois cette valeur, nous pouvons dire que nous sommes comobiles avec une précision de 1/500. Ce qui veut dire que nos montres et horloges indiquent le temps cosmique avec cette précision. Si nous nous déplacions dix fois plus vite, leur précision serait dix fois moindre…

Il serait peut-être plus judicieux de parler de « latitude cosmique » plutôt que de « temps cosmique » car il ressemble beaucoup plus à la latitude terrestre qu'au temps newtonien. En effet, poursuivons l'analogie. En général, la différence de latitude entre deux points terrestres n'a rien à voir avec leur éloignement. Par exemple, Oulan-Bator en Mongolie et Paris ont à peu près la même latitude. Il peut arriver que les deux notions coïncident : entre deux emplacements *sur le même méridien*, la distance est égale à leur différence de latitude (multipliée par le rayon terrestre). Dans l'espace-temps, c'est analogue. La durée qui sépare deux événements cosmiques (deux points de l'espace-temps) n'a rien à voir, en général, avec la différence de leurs dates en temps cosmique. Mais cela peut arriver si les deux événements se situent sur le même « méridien » de l'espace-temps ; ou, si l'on préfère, s'ils concernent tous deux un même observateur comobile. C'est une raison, parmi d'autres, pour laquelle le temps cosmique est bien loin d'avoir les propriétés d'un temps.

Le temps cosmique à partir des durées

Il existe une définition générale de l'âge de l'Univers, plus conforme à l'esprit de la relativité générale, qui ne nécessite pas de faire intervenir la notion d'observateur comobile, ni bien sûr celle de temps (mais en revanche celle de *durée*). Elle se généralise à n'importe quel modèle imaginé pour décrire l'Univers et fournit un résultat sans ambiguïté : soit l'âge est infini, soit il est fini et d'une valeur bien précise, même si pas nécessairement facile à estimer.

Elle permet de définir la valeur du temps cosmique en un point quelconque de l'Univers, en un événement quelconque, point auquel je me référerai comme *ici et maintenant* : le point de l'espace-temps que j'occupe, mais il faut y penser comme n'importe où, n'importe quand.

On peut imaginer la très vaste collection de toutes les histoires, de tous les processus qui se terminent ici et maintenant, leur événement terminal. Peu importe où ces histoires ont commencé, quel fut leur événement initial. Je peux penser à des corpuscules qui viennent heurter mon organisme : des particules élémentaires créées très tôt dans l'histoire cosmique ou des photons, lumière et autres rayonnements, qui m'atteignent, qui m'éclairent, qui me réchauffent, qui – peut-être – m'irradient... Chacun d'eux a été créé quelque part, à un moment donné du passé ; il a vécu une histoire, brève ou longue, une histoire qui se termine au moment où l'objet atteint mon organisme, ou un télescope, un détecteur, n'importe quel instrument proche de moi... En tout cas, cette histoire possède une durée bien précise. J'aurais sans doute du mal à connaître sa valeur. Mais je sais qu'elle existe, qu'elle est bien définie.

J'envisage maintenant la totalité des histoires de cette sorte : celles qui concernent les particules, les étoiles, les galaxies, les quasars... toutes les histoires qui se terminent ici et maintenant (ou, pour ne pas être trop strict, dans mon voisinage), quel que soit leur début. Chacune a sa durée. L'âge de l'Univers au point considéré (ici et maintenant) est défini comme la valeur maximale de toutes ces durées. Si elle n'existe pas, l'âge de l'Univers n'existe pas, ou, si l'on préfère, il est infini (c'est par exemple le cas dans le modèle d'Einstein). On peut dire aussi que c'est la valeur du temps cosmique pour cet événement, ici et maintenant. Cela ne me donne pas le moyen de l'estimer, seulement une bonne définition, rigoureuse, sans aucune référence à la notion de temps.

Les propriétés du temps cosmique

Lorsque l'âge de l'Univers existe, lorsque sa valeur n'est pas infinie, nous l'identifions au temps cosmique. Ce serait une erreur – hélas encore fort répandue – que de l'assimiler au temps, ou même à *un* temps. Il constitue un repérage commode, mais il ne possède pas les propriétés du temps. Je m'en suis expliqué ailleurs en détails (en particulier dans *Voyager dans le temps*), et je l'illustrerai ici par trois exemples, caractérisant un espace-temps où le temps cosmique est défini.

Le temps cosmique est construit comme l'assignation d'une valeur, d'un nombre, à tout événement : la naissance d'une étoile par exemple, ou sa mort en explosion de supernova. Le lecteur aura bien compris que (sauf situations particulières, comme le serait le cas d'une étoile comobile) la durée de la vie de cette étoile n'a rien à voir, même approximativement, avec les valeurs du temps cosmique à sa mort et à sa naissance. Précisons que je parle bien de la vraie durée physique de la vie de l'étoile, la seule qui ait un sens ;

celle que l'on peut en principe mesurer, celle en fonction de laquelle, par exemple, s'ajustent les réactions nucléaires qui se déroulent en son cœur. Autrement dit, le déroulement de ces réactions n'a rien à voir avec le temps cosmique. Ce n'est pas par rapport à lui que se déterminent les phénomènes physiques, nucléaires, atomiques, électromagnétiques... *. Il n'a rien d'une grandeur physique. C'est une commodité utile pour le repérage des événements cosmiques. Et puisque la Terre n'est pas comobile, ma montre aura par exemple marqué, pendant un laps d'une heure de temps cosmique, quelques secondes en plus ou en moins.

Autre situation, imaginons une particule créée au tout début de la période d'expansion cosmique, mettons une minute après la singularité (valeur du temps cosmique : une minute). Elle m'atteint aujourd'hui après avoir parcouru le cosmos. Valeur du temps cosmique : environ 13 milliards d'années. L'histoire de cette particule, depuis sa création jusqu'à maintenant, a une durée bien précise. Elle dépend des détails du trajet qu'a parcouru la particule dans

* Mais c'est par rapport à la durée qui s'écoule le long de l'histoire de l'étoile, que l'on qualifie de « durée propre », et quelquefois de « temps propre ». Pour plus de détails, voir LACHIÈZE-REY M., *Voyager dans le temps*, Paris, Seuil, 2013.

l'espace-temps et peut avoir n'importe quelle valeur inférieure à 13 milliards d'années : quelques heures, quelques minutes... si elle a voyagé à une vitesse proche de celle de la lumière. Si la particule possédait une horloge, mise à zéro à sa création, cette horloge marquerait bien les quelques heures, quelques minutes qui caractérisent son histoire, et non pas les 13 milliards d'années de temps cosmique écoulés. Sans doute, de telles particules nous atteignent effectivement ; mais nous n'avons aucun moyen de les repérer et encore moins de connaître les durées de leurs histoires.

On peut enfin s'intéresser à la notion de simultanéité : deux événements partageant la même valeur du temps cosmique peuvent-ils être dits simultanés ? Certainement pas de manière absolue puisque, comme Einstein l'avait montré très tôt, cette notion n'a aucune pertinence en physique. En revanche, Einstein avait en même temps reconnu une « procédure de synchronisation » permettant à un observateur particulier de décider si, *de son point de vue personnel*, deux événements lui apparaissaient simultanés ou non. Une notion de simultanéité relative ; relative car deux événements apparaissant simultanés à un observateur A apparaissent non simultanés à un observateur B, et réciproquement. Il n'y a aucun moyen de définir une notion objective de simultanéité (ni d'ailleurs de chronologie). Ce qui apparaît ici, c'est que (sauf encore pour des cas très particuliers) deux événements partageant la même valeur du temps cosmique n'apparaissent simultanés à quasiment aucun observateur, même à un observateur « privilégié » qui serait comobile.

Temps cosmique et temps conforme

L'avantage du temps cosmique est de fournir un repérage des événements qui peut se révéler commode. Mais il est peu utilisé en cosmologie, en dehors des discours de vulgarisation. Du point de vue de la relativité générale, il constitue ce que l'on appelle une « fonction temporelle ». On peut définir autant de fonctions temporelles que l'on veut mais aucune ne possède vraiment de sens physique, si bien que l'on peut en choisir une à sa guise, avec telle ou telle propriété qui nous paraît souhaitable. Un peu comme si, rentrant dans un magasin, chaque client pouvait fixer les tarifs des articles de la manière qui lui plaît. Le principal avantage du temps cosmique est de correspondre assez bien à notre intuition, mais d'autres fonctions temporelles peuvent se révéler plus pratiques dans telle ou telle situation.

Les cosmologues utilisent par exemple volontiers le « temps conforme ». Ce dernier n'a pas les mêmes propriétés que le temps cosmique. Il ressemble sans doute moins à la conception intuitive que nous avons du temps, mais d'autres propriétés le rendent intéressant. Sa valeur actuelle est infinie (contrairement à celle du temps cosmique), quel que soit le modèle, même de Big Bang. En revanche, deux événements partageant la même valeur du temps conforme apparaissent simultanés à un observateur comobile. On ne peut pas tout avoir ! Mais puisque c'est l'âge de l'Univers qui nous intéresse ici, oublions le temps conforme et utilisons le temps cosmique.

Lorsque l'on observe un objet cosmique, on aimerait le repérer dans la chronologie de l'Univers, par exemple en lui associant une valeur du temps cosmique. Soyons plus précis. J'observe une galaxie lointaine. Cela veut dire que j'observe un événement : l'émission, par (une étoile de) la galaxie, de photons qui m'atteignent aujourd'hui. C'est cet événement que j'aimerais repérer. Il est évidemment relié à nous par le trajet du photon lumineux ; ce dernier vit son histoire, depuis son émission dans la galaxie lointaine jusqu'à sa réception par notre télescope, qui comme chaque histoire possède une durée. Ici, il est manifeste que cette durée n'a rien à voir avec les valeurs du temps cosmique, car elle est strictement nulle ! C'est en effet une propriété fondamentale de la relativité générale que la durée de l'histoire d'un photon est toujours nulle, quelles que soient les circonstances; une propriété qui peut dérouter le profane, mais qui traduit dans le langage de l'espace-temps le fait que la vitesse de la lumière est toujours constante. Toujours est-il que cette durée est inutilisable pour situer la galaxie dans la chronologie cosmique.

Que faire? Ce qui sauve les cosmologues, c'est le décalage vers le rouge (*redshift*) du rayonnement reçu. Lorsque l'on observe une galaxie, ou un astre lointain, on le mesure directement (par spectroscopie). En négligeant le mouvement propre de la galaxie (ce qui est toujours légitime pour une galaxie lointaine), les lois de l'optique dans l'espace-temps relient ce décalage à la valeur du temps cosmique. Autrement dit, ce que l'on observe, c'est le décalage; et c'est à partir de lui qu'on reconstitue la valeur du temps cosmique associée à la galaxie, la source du rayonnement reçu. Le problème, c'est que la conversion du décalage (mesuré) en une valeur du temps cosmique nécessite la connaissance de la géométrie (presque) complète de l'espace-temps. Ce n'est bien sûr pas le cas, sinon approximativement, et avec quelques doutes qui sont détaillés plus bas. Il en résulte que cette conversion décalage-temps cosmique est toujours approximative et dépend d'un certain nombre d'hypothèses. Toute valeur du temps cosmique que vous pouvez trouver dans la littérature, et en particulier les estimations de l'âge de l'Univers, souffrent de cette ambiguïté.

C'est une des raisons pour lesquelles le temps cosmique est rarement utilisé dans les analyses cosmologiques. C'est une grandeur que nous ne pouvons connaître directement et dont l'évaluation dépend de certaines hypothèses. À l'opposé, le décalage z est mesuré sans équivoque. Et il peut tout aussi bien être utilisé pour repérer les événements cosmiques. Comme le décalage est d'autant plus élevé que l'on remonte dans le passé, on peut définir (pour un événement observé au télescope par exemple) son « temps-décalage » comme l'inverse du décalage, $1/z$; sa valeur est infinie pour un événement actuel (car le décalage est nul), et zéro pour un événement qui serait contemporain de la singularité (mais cela correspondrait à un décalage infini, ce qui veut dire que cet événement serait inobservable). C'est une grandeur sans doute moins intuitive que le temps cosmique, mais sa définition ne souffre pas des mêmes ambiguïtés.

Vous pouvez lire ici ou là que telle galaxie a été observée à une valeur de 11,7 milliards d'années du temps cosmique ; ou bien, ce qui est équivalent, avec un « temps de regard en arrière » de 2 milliards d'années (la valeur actuelle du temps cosmique, 13,7, moins 11,7). Mais aucune de ces valeurs n'a un grand sens physique. Il ne s'agit aucunement de durées physiques ; cela n'est pas mesurable et dépend, je le répète, d'une collection d'hypothèses sur la géométrie de l'espace-temps. En revanche, la valeur du décalage avec lequel est observée cette galaxie contient la même information, mais débarrassée de ce qui est superflu, c'est-à-dire des hypothèses sur le modèle cosmologique.

CHAPITRE 9

L'ÂGE DE L'UNIVERS NE SE MESURE PAS

Nous disposons maintenant d'une définition rigoureuse de l'âge de l'Univers, valeur actuelle du temps cosmique. Le chapitre précédent nous l'a fournie. En termes très intuitifs, cela correspond à la durée finie depuis laquelle se déroule l'expansion. Mais comment évaluer sa valeur ? Par exemple aujourd'hui ?

Il n'existe en fait aucun moyen de le mesurer directement.

Aucune horloge dans l'Univers n'indique le temps cosmique.

Pour que ce soit le cas, il faudrait une horloge attachée à l'un de ces observateurs comobiles fictifs, et il faudrait que cette horloge fonctionne depuis la singularité (ou peu après si l'on accepte une erreur de quelques secondes). Mais bien entendu nous ne disposons de rien de tel.

Si je pouvais connaître la durée de l'histoire qu'a vécue une particule qui m'arrive ici et maintenant, cela me fournirait au moins une indication: je serais certain que l'âge de l'Univers est supérieur à cette durée. Mais, sauf exception, je n'ai aucun moyen d'y parvenir. Sauf exception? Toute la subtilité est là. Car en réalité, il y en a, que je vais évoquer et que nous pouvons utiliser: elles ne suffisent pas à nous donner une estimation de T_U, mais elles en fournissent une limite inférieure, ce qui n'est déjà pas si mal.

Hors de cela, le seul moyen d'estimer T_U passe par la connaissance complète de la forme de l'espace-temps; autrement dit de tous les détails du modèle cosmologique. L'âge de l'Univers ne se mesure pas. Il se calcule, dans le cadre d'un modèle donné. Pour les modèles de Big Bang, cela se réduit à connaître la loi $R(t)$; pour une estimation approchée, je pourrais me contenter d'une connaissance approchée de cette loi.

Comment connaître cette loi? Comment connaître le modèle apte à décrire notre univers? C'est tout l'objet de la cosmologie de ces dernières décennies. De nombreux résultats d'observation ont fourni des informations parcellaires sur cette loi. Ils sont de natures multiples et je ne vais pas les passer en revue. Mais ils restent insuffisants, en toute rigueur, pour une reconstitution parfaite, et donc pour connaître la valeur de T_U. Et nous allons voir que certaines estimations restent controversées. Il faudra ajouter quelques hypothèses raisonnables supplémentaires pour compléter l'information manquante et retenir un modèle particulier: le « meilleur » modèle, aujourd'hui, pour décrire notre univers. C'est dans ce cadre que sera donnée toute valeur de T_U.

Je vais présenter trois des facteurs décisifs qui entrent en jeu pour établir ce meilleur modèle aujourd'hui: la constante de Hubble-Lemaître, le contenu matériel de l'Univers, et l'alternative constante cosmologique ou énergie noire, liée à la question de l'accélération cosmique.

La constante de Hubble-Lemaître

Le premier facteur important pour estimer T_U, c'est H_0, la constante de Hubble-Lemaître. Bien d'autres facteurs interviennent, bien sûr, mais elle fournit déjà un ordre de grandeur: son inverse $1/H_0$, parfois appelé « temps de Hubble » (T_H), vaut 14 milliards d'années environ. Cela représente l'âge qu'aurait l'Univers si l'expansion restait à un taux constant.

Exprimant la valeur actuelle du taux d'expansion, H_0 constitue la première information sur la fonction *R(t)* puisqu'elle s'identifie à la valeur actuelle de sa dérivée (logarithmique). La dérivée seconde aujourd'hui correspond au taux actuel d'accélération, lié à la constante cosmologique, autre facteur déterminant pour l'estimation de T_U, comme l'avait déjà souligné Lemaître. Mais l'âge de l'Univers dépend en fait de la fonction dans sa totalité.

Mais deux constantes, c'est bien peu pour reconstituer une fonction entière et, de fait, elles ne suffisent pas à exprimer la forme de l'espace-temps, en particulier à déterminer les valeurs du temps cosmique. Cependant, deux manières de procéder peuvent en principe aboutir à des progrès.

La première consiste à explorer le plus directement possible la forme de l'espace-temps (que décrit la fonction $R(t)$). L'espace-temps est une entité géométrique inobservable, toutefois, on peut avoir une idée de sa forme en analysant la répartition des objets qu'il renferme. Un peu comme si on reconstituait la forme d'un verre invisible en observant la répartition des poussières déposées sur sa surface. Dans le rôle des poussières, nous observons la répartition de différents objets cosmiques en remontant le plus loin possible dans le passé. On les qualifie alors d'« étalons standard » (« chandelles standard » ou « règles standard » selon que l'on s'intéresse plutôt à leur luminosité ou à leur dimension spatiale) : galaxies (notamment celles qui incluent des supernovas), quasars, lentilles gravitationnelles, sources d'ondes gravitationnelles... Il faut aussi ajouter le fond diffus cosmologique dont l'observation permet de reconstituer certains aspects de la géométrie cosmique, entre le moment de la recombinaison et aujourd'hui. Tout ceci constitue le principe des *tests cosmologiques*. Mais nos moyens d'observation sont parcellaires et les résultats limités.

Heureusement, ils sont complétés par la seconde méthode : l'espace-temps doit obéir aux équations de Friedmann qui relient sa courbure au contenu (moyen) en matière-énergie de l'Univers. Observons ce dernier, résolvons les équations et nous connaîtrons la courbure. Facile à dire ! Là aussi, nos connaissances sont limitées. Mais cela ne doit pas nous arrêter. Il est temps de faire l'inventaire...

Controverse

Revenons d'abord sur la constante de Hubble-Lemaître. Nous avons évoqué plus haut (p. 129) sa saga. Mais cette dernière n'est pas terminée car de récentes estimations (en 2020) ont fait surgir une nouvelle controverse très actuelle[1], et toujours cruciale pour l'estimation de T_U, puisque celui-ci est estimé à partir de la loi d'expansion. Si nous nous trompons sur H_0, le paramètre le plus crucial pour décrire cette loi, l'erreur rejaillit sur T_U. La controverse à son sujet se résume grossièrement à l'opposition entre deux familles de mesures, les unes « proches », les autres « lointaines ».

Les mesures « proches » appliquent la méthode de l'échelle des distances présentée plus haut, à partir d'estimations récentes. Elles utilisent comme « chandelles standard » des supernovas de type 1a, elles-mêmes calibrées grâce à des céphéides. Elles donnent une valeur élevée de H_0, proche de 72 ; d'autres calibrations, à partir de *lentilles gravitationnelles*, suggèrent des valeurs similaires. Ces valeurs élevées conduisent à une valeur de T_U relativement courte, qui pourrait entrer en conflit avec les estimations des âges des étoiles les plus vieilles (voir chapitre suivant).

Les mesures « lointaines » donnent une valeur autour de 67 : elles se fondent sur des observations du fond diffus cosmologique (notamment par le satellite *Planck*), ainsi que sur la répartition de certains étalons standard comme les BAO*, censée dévoiler la forme

* Les « oscillations acoustiques baryoniques » (ou « *baryon acoustic oscillations* », BAO) sont des ondes acoustiques (c'est-à-dire des ondes de pression) qui se propagent dans le plasma de l'univers primordial (baryons, électrons et photons essentiellement). On peut encore observer leurs traces aujourd'hui ; d'une part dans les anisotropies du fond diffus cosmologique et d'autre part dans la distribution des galaxies et autres objets cos-

de l'espace-temps selon le principe des tests cosmologiques déjà évoqués. Enfin, les mesures d'abondance des éléments chimiques les plus légers nous informent sur la nucléosynthèse primordiale au cours de laquelle ils ont été fabriqués selon les modèles de Big Bang[2], ce qui établit des contraintes sur ces derniers, et en particulier sur H_0.

Les raisons de ces désaccords ne sont pas encore vraiment comprises : faiblesse des méthodes utilisées ? Défaillance dans les mesures ou dans leur interprétation ? Doit-on remettre en cause notre modèle cosmologique favori ? Cela pourrait être la solution car, si les estimations « proches » ont un caractère direct, celles qui sont « lointaines », plus indirectes, reposent sur la validité de modèle. Si par exemple ce n'est pas la constante cosmologique qui cause l'accélération cosmique comme ce modèle le sous-entend, mais une « énergie noire » comme le pensent de nombreux physiciens, alors ce modèle standard est peut-être mal adapté pour décrire notre univers ; sa dynamique serait modifiée d'une

miques. L'intérêt est que la physique de l'univers primordial indique qu'une telle onde s'est propagée sur une distance fixe, correspondant à 150 Mpc aujourd'hui, ce qui constitue un étalon de distance auquel on peut appliquer des tests cosmologiques qui nous renseignent sur la géométrie de l'espace-temps.

manière que nous ignorons. Nous n'aurions plus de raisons de penser que les différentes estimations de H_0 doivent concorder.

Mais par ailleurs tant d'observations nous donnent confiance dans ce modèle que l'abandonner constitue une option radicale. Parmi d'autres explications évoquées, la présence d'une grande zone vide de galaxies, qui entoure notre Groupe local (c'est-à-dire le petit ensemble de galaxies proches de la nôtre) sur une centaine de millions d'années-lumière. L'effet gravitationnel de cette sous-densité de la matière communique des vitesses propres aux galaxies environnantes (celles qui sont testées). Cela pourrait suffire à perturber sérieusement l'analyse.

Si cette inhomogénéité locale explique la controverse, cela voudrait dire que nous testons notre modèle cosmologique sur des échelles trop restreintes pour s'accorder avec l'hypothèse idéale d'un univers homogène. Autrement dit, nos tests concerneraient autant la dynamique extragalactique locale que le modèle cosmologique lui-même. Sans être strictement faux, ce dernier serait inadéquat à ces échelles gouvernées par les inhomogénéités.

Nous aurions ainsi dépassé une limite fondamentale, en sortant du cadre de l'approximation la plus sommaire de l'espace-temps, celle de degré zéro qui néglige les détails. Mais c'est à partir d'elle qu'est définie la constante H_0, alors qu'elle perd son sens strict dans l'espace-temps *réel*, celui dans lequel bien évidemment sont menées nos évaluations. C'est un peu comme pour le rayon de la Terre, défini comme une valeur idéale concernant l'approximation d'une planète parfaitement sphérique : aucune mesure effective ne donnera ce résultat exact, à cause des montagnes et des vallées. Il pourrait être évalué à partir d'une moyenne sur un grand nombre de mesures. Mais on peut imaginer plusieurs échantillonnages de mesures ainsi que plusieurs méthodes pour effectuer la moyenne. Tous ne donneront pas nécessairement le même résultat. C'est encore pire dans un espace-temps à quatre dimensions !

Pour reconstituer la grandeur idéale H_0, bien définie pour l'approximation zéro de l'Univers, nous ne disposons que d'observations de sa version réelle, perturbée. L'extension de cette définition théorique à l'univers réel reste ambiguë. Nous sommes peut-être proches de sa limite de validité et il en serait de même pour l'âge de l'Univers* !

* Les mêmes questions se posent également à propos des estimations des autres paramètres cosmologiques.

Toutes ces questions sont présentement débattues. Observateurs et théoriciens conjuguent leurs efforts pour de nouvelles mesures, pour des analyses de plus en plus poussées. Un espoir nouveau provient des récentes observations d'ondes gravitationnelles car elles constituent des indicateurs de distances (des chandelles standard) qui ne reposent pas sur toute l'échelle des distances dont les imperfections de chaque maillon fragilisent l'ensemble. Peut-être un outil idéal pour la cosmologie !

Mais H_0 n'est que le premier paramètre. Pour le reste, nous connaissons bien une partie du contenu de l'Univers : nous observons directement des galaxies, des amas et superamas de galaxies, des quasars, du gaz, de la poussière, diverses sources de rayonnement... Ce que l'on peut répertorier comme « matière visible ». D'une part, nous pensons que les échantillons que nous observons sont représentatifs de l'univers entier (c'est l'hypothèse du principe cosmologique). D'autre part, nous pensons savoir assez correctement la manière dont leurs populations évoluent (par exemple en se diluant) au cours de l'histoire cosmique. Ainsi, les observations menées ici ou là indiquent leur population moyenne, n'importe où et n'importe quand : nous possédons donc une estimation raisonnable de la densité de matière visible (dont la pression est négligeable à l'échelle cosmique). En unités cosmologiques*, cela contribue à la densité totale de l'Univers à hauteur de quelques pour cent seulement. Il suffit en principe de porter tout cela dans les équations d'Einstein pour en déduire la loi *R(t)*.

Mais notre connaissance du contenu matériel, si elle s'améliore constamment, n'est pas parfaite. En particulier les astrophysiciens soupçonnent depuis longtemps que cette composante visible ne représente pas toute la matière que contient l'Univers: qu'il s'y ajoute une importante composante invisible que l'on qualifie de « masse cachée »; ou aussi « matière noire », « masse sombre », « masse invisible »... Son existence reste une hypothèse mais de nombreux indices suggèrent sa présence.

---

* Pour éviter de manipuler de trop grands nombres, les cosmologues ont défini une unité de densité commode en cosmologie. Cette unité est appelée « densité critique »; elle est exprimée à partir de la constante de Hubble-Lemaître H_0 et de la constante de gravitation de Newton G par la formule $\rho_{crit} = 3 H_0^2 / 8 \pi G$. Elle vaut environ 10^{-26} kg/m³ en unités standard. On note Ω la valeur de la densité moyenne de matière dans l'Univers, exprimée en unités critiques.

Masse cachée

En premier lieu, les analyses dynamiques des galaxies, des amas et des superamas de galaxies montrent que les objets qu'ils contiennent (étoiles, gaz, galaxies) ont des vitesses élevées ; trop élevées pour que ces objets puissent rester confinés. Rappelez-vous, c'est un raisonnement analogue qui, au début du XXe siècle, avait conduit Slipher à penser que les nébuleuses spirales résident à l'extérieur de notre galaxie. Ce problème dynamique fut originellement identifié par l'astronome suisse Fritz Zwicky (alors travaillant aux États-Unis) en 1933, à propos des amas de galaxies, puis confirmé par l'astronome américaine Vera Rubin, en 1969, à l'échelle des galaxies elles-mêmes (où l'effet se manifeste par la forme aplatie des *courbes de rotation* du gaz ou des étoiles).

La réponse la plus simple consistait à supposer que la cohésion de ces objets était maintenue par la gravitation. Les masses impliquées, telles qu'on les observait, étant insuffisantes, cela supposait l'existence de composantes supplémentaires additionnelles : de grandes quantités de matière invisible coexistant avec ce que nous observons.

Depuis cette époque, d'autres indices sont venus s'ajouter, notamment par l'analyse des *lentilles gravitationnelles* : non plus des arguments de dynamique cosmique, mais plutôt d'optique cosmique. Une *lentille gravitationnelle* est une situation créée par la courbure des rayons lumineux, elle-même conséquence de la courbure de l'espace-temps, c'est-à-dire de la gravitation : la déformation de l'espace-temps agit comme une lentille optique qui nous donne une image déplacée, amplifiée, déformée ou multipliée d'une source lumineuse unique, lointaine ; une combinaison de tous ces effets en général. La première observation fut celle de l'éclipse de 1919. C'est elle qui, permettant de mettre directement en évidence la courbure de l'espace-temps, conduisit à l'acceptation de la théorie de la relativité générale. Aujourd'hui, les astronomes ont répertorié plusieurs centaines de telles situations. La courbure de l'espace-temps déduite de leur analyse est en accord avec l'hypothèse de masse cachée.

Enfin, l'hypothèse est également renforcée par l'analyse du processus de formation des galaxies (l'« instabilité gravitationnelle ») : ce processus reste très difficile à expliquer sans présence de masse cachée, tout simplement parce que, sans ce coup de pouce, la gravitation n'est pas assez intense pour permettre la condensation de ces objets cosmiques.

Un très large faisceau de résultats divers suggère donc fortement la présence de masse cachée. Elle contribuerait à environ 30 % de la densité critique ($\Omega = 0{,}3$), soit presque dix fois plus que la matière ordinaire.

Reste que nous n'avons pas la moindre idée de la nature et de l'origine de cette masse cachée. Après l'élimination de bon nombre de possibilités, l'opinion générale est qu'il ne peut s'agir que de masse cachée non baryonique, c'est-à-dire de particules élémentaires encore inconnues en très grande abondance. Cette conclusion provient tout d'abord des échecs de détection d'une composante qui serait faite de matière ordinaire ; les récentes estimations jugent la contribution de cette dernière autour de 5 % du contenu de l'Univers (en partie invisible) seulement. Mais aussi des simulations numériques qui, à partir des années 1980, tentaient de reproduire la formation des galaxies : le processus ne semble pas assez rapide sans la présence d'une importante composante non baryonique. La raison est que cette dernière se concentre plus efficacement que la matière ordinaire car elle n'est pas ralentie par sa pression. Et sa condensation entraîne, par effet gravitationnel, celle de la matière ordinaire qui va pouvoir amorcer la formation des galaxies. Mais nous ne savons pas de quel type de particules il pourrait s'agir et, faute de mieux, les astrophysiciens ont établi des catégories pour classer les différents types envisageables: froid, chaud ou tiède, selon l'influence que cette masse cachée pourrait exercer sur la dynamique des structures cosmiques. Les analyses du processus de formation des galaxies conduisent à favoriser l'option « masse cachée froide », « *cold dark matter* » en anglais, d'où le sigle CDM: nos modèles cosmologiques standard sont ainsi baptisés CDMΛ, puisqu'ils font aussi intervenir la constante cosmologique Λ.

Ces modèles cosmologiques « standard », ceux dans le cadre desquels nous travaillons aujourd'hui, supposent l'existence de masse cachée « standard », c'est-à-dire avec cette abondance*. Et les estimations de l'âge de l'Univers seront établies dans ce cadre.

Cependant, les tentatives de détection de cette masse cachée froide, que mènent depuis des décennies les physiciens des particules, ont toutes donné des résultats négatifs; des centaines de candidats ont été proposés puis éliminés les uns après les autres, d'une manière qui devient préoccupante. Par ailleurs,

* Attention de ne pas confondre ces modèles cosmologiques « standard » avec le « modèle standard de la physique des particules ». Les premiers incluent la matière noire; les seconds ne la connaissent pas.

les progrès récents des observations astronomiques ont fait surgir des résultats difficiles à concilier avec l'hypothèse de la masse cachée. Tout cela engendre une situation troublante : sans masse cachée, toute une panoplie de résultats reste difficile à expliquer (y compris à l'échelle cosmologique), et avec masse cachée... également ! Devons-nous revoir nos théories physiques[3] ?

Ajouté à certaines motivations théoriques (notamment l'idée que la gravité devrait être quantifiée), tout cela conduit certains physiciens à penser qu'il faudrait adopter une nouvelle théorie de la gravitation. Bon nombre d'entre eux se consacrent ainsi à la recherche, vaine jusqu'à aujourd'hui, d'une théorie de *gravité modifiée*, qui remplacerait la relativité générale au moins aux grandes échelles.

Ce débat, très actuel et plutôt vif, est loin d'être clos. Si cela se confirmait, il faudrait redessiner nos modèles cosmologiques ; ils resteraient sans doute très semblables à notre modèle standard actuel de Big Bang, mais l'âge de l'Univers pourrait être estimé à une valeur différente. Les valeurs données aujourd'hui sont toutes, faute de mieux, estimées dans le cadre de la version standard qui suppose la validité de la relativité générale, avec l'abondance de masse cachée donnée plus haut, 0,3 en unités cosmiques. L'estimation actuelle de T_U dépend de cette hypothèse.

Accélération cosmique

Et ce n'est pas tout. Le contenu matériel de l'Univers, masse cachée ou pas, ne peut expliquer l'accélération de l'expansion*. Il faut invoquer une autre raison. Deux options concurrentes sont explorées aujourd'hui : la constante cosmologique et l'énergie noire (appelée parfois « énergie sombre »). L'une ou l'autre peuvent être la cause de l'accélération cosmique et rendre compte de la formation des galaxies, comme l'avait déjà compris Lemaître. Malheureusement, leurs implications sur le scénario cosmique et sur l'estimation de l'âge de l'Univers diffèrent.

Commençons par la constante cosmologique Λ, introduite par Einstein comme un terme supplémentaire dans son équation de manière à construire son premier modèle cosmologique. C'est une seconde constante fondamentale qui caractérise la gravitation,

* Pour être complets, nous devons inclure dans le bilan les rayonnements présents : électromagnétiques et ondes gravitationnelles. Mais leurs contributions à la dynamique de l'Univers sont aujourd'hui négligeables en regard de celle de la matière, même si ce ne fut pas toujours le cas dans l'histoire cosmique.

à côté de la constante de Newton *G*. Son influence ne s'étend qu'aux échelles les plus étendues (d'où le qualificatif). Elle est répulsive plutôt qu'attractive.

La découverte de l'expansion cosmique avait rendu caduc ce premier modèle statique et entraîné le rejet de Λ par Einstein. Une légende (fausse) * rapporte qu'il aurait déclaré que son introduction avait été « la plus grande erreur de sa vie ». Lemaître fut le premier à se rendre compte que cette constante était malgré tout indispensable pour décrire l'univers réel ; en mentionnant au passage qu'une éventuelle « énergie du vide » pourrait avoir un effet similaire ; l'idée a été largement reprise depuis sous l'appellation d'« énergie noire ».

Les arguments de Lemaître en faveur de Λ étaient principalement liés à l'âge de l'Univers et, de manière conjointe, il jugeait que la formation des galaxies ne pouvait se comprendre sans elle, ce qui sera confirmé dans la seconde moitié du XXe siècle. Dans les années 1990, de nouveaux tests cosmologiques menés

* Des travaux récents ont démenti cette déclaration : il a bien parlé de la « plus grande erreur de sa vie », mais c'était en évoquant sa signature de la lettre recommandant au président Roosevelt de commencer la construction de la bombe atomique. Voir O'Raifeartaigh C., et Mitton S., « *Interrogating the legend of Einstein's « biggest blunder »* », *Physics in Perspective*, vol. 20, 2018, p. 318-341.

par l'intermédiaire d'observations de supernovas (des explosions d'étoiles très lointaines) ont indiqué que l'expansion de l'Univers semble s'accélérer*. Exactement de la manière que prédit la constante cosmologique. Les auteurs de ces observations, Saul Perlmutter, Brian Schmidt et Adam Riess, reçurent le prix Nobel de physique en 2011 pour leur découverte. Pourtant, une partie de la communauté s'est refusée à reconnaître l'existence de cette constante et s'est ainsi retrouvée face à l'obligation d'invoquer une explication alternative pour l'accélération de l'expansion. Le caractère gravitationnel attractif de toute matière ou énergie « ordinaire » ralentissant l'expansion, il fallait imaginer autre chose, au caractère gravitationnel répulsif, et voilà notre *énergie noire*.

Il s'agit ainsi d'une réponse *ad hoc*, inventée pour répondre à un problème cosmologique en lieu et place

* La validité du test repose sur le caractère « standard » des supernovas observées et la question n'est pas totalement maîtrisée, ce qui conduit certains (minoritaires) à jeter un doute sur la légitimité du résultat. Signalons également que l'analyse des données est menée dans l'approximation d'un univers parfaitement homogène (approximation zéro), dont toutes les inhomogénéités (causées par exemple par les galaxies et les amas) sont négligées. Certains estiment que cette approximation pourrait donner l'illusion d'une accélération en fait inexistante. La majorité des cosmologues juge cela peu probable mais la question n'est pas définitivement réglée non plus.

de la constante Λ que Lemaître avait réintroduite. Par définition, l'énergie noire explique l'accélération actuelle. C'est la raison même de son existence dans la théorie.

Il faut donc l'imaginer comme une substance à l'effet gravitationnel répulsif. Les équations de la relativité générale montrent immédiatement que cela requiert une « pression négative ». Mais on ne connaît rien de tel dans notre physique. Les tenants de l'idée suggèrent que ce rôle pourrait être rempli par l'énergie de champs quantiques, et en particulier du « vide quantique ». Cela pose de nombreux problèmes. Sans rentrer dans les détails, notre physique actuelle ne sait pas définir le concept d'énergie d'un état quantique, ni de l'état du vide ni d'un autre ; ce qui serait un préalable à toute justification de la possibilité d'énergie noire. Pire, le peu que l'on pense pouvoir en dire n'est qu'une estimation de l'ordre de grandeur qu'on pourrait en attendre *a priori*. Or, celui-ci dépasse d'un facteur gigantesque ce qui est admissible en cosmologie, et pas qu'un peu : 10^{120} fois (1 suivi de 120 zéros) ! « Une des prédictions les plus mal vérifiées de toute l'histoire de la physique », comme se plaisent à le rappeler les opposants à l'idée. Le plus surprenant tient à ce que certains qualifient ce désaccord de « problème de la constante cosmologique », alors qu'il résulte au contraire du désir de rejeter cette constante[4] !

Toujours est-il que ce que l'on appelle modèle standard de la cosmologie incorpore cette constante cosmologique. La possibilité d'une réponse alternative – énergie noire plutôt que constante cosmologique – est aujourd'hui à la mode mais les estimations actuelles de l'âge de l'Univers se réfèrent à une stricte constante cosmologique.

Âge de l'Univers et constante cosmologique

L'expansion de l'Univers s'accélère. Elle s'accélère aujourd'hui et les cosmologues débattent sur la cause de cette accélération : constante cosmologique ou énergie noire ?

Si la réponse est la constante cosmologique, sa contribution à la dynamique de l'Univers, donc à l'accélération, est par définition constante ; elle n'a pas changé au cours de l'histoire cosmique. Les observations actuelles nous donnent sa valeur, 0,7 en unités cosmiques, ce qui nous permet de reconstituer la loi *R(t)* en totalité (en faisant confiance à l'estimation du contenu présentée plus haut ; et sous l'hypothèse de la masse cachée standard). Cette reconstitution constitue le modèle cosmologique standard, baptisé

CDMΛ, qui nous fournit la valeur de 13,7 milliards d'années pour l'âge de l'Univers, celle retenue aujourd'hui, celle qui est toujours mentionnée partout, que vous connaissiez peut-être déjà (mais le parcours qui nous a menés jusqu'à ce chiffre ne valait-il pas la peine d'être accompli ?). C'était le calcul effectué par Georges Lemaître, réévalué à la lumière des résultats actuels.

Mais si c'est au contraire une « énergie noire », plutôt que Λ, qui accélère l'expansion (en oubliant tous les problèmes fondamentaux que cela pose), les choses sont plus compliquées. Ignorant ce que pourrait être cette énergie noire, nous ne connaissons pas son influence sur la dynamique cosmique. Chaque suggestion imaginable entraîne un scénario différent, et nous voici incapables de reconstituer la fonction $R(t)$ et donc d'évaluer T_U. Pour le dire autrement, si c'est une énergie noire qui accélère l'expansion cosmique, nous n'avons pas assez de connaissances sur sa nature pour disposer d'un modèle qui décrit notre univers, et nous ne connaissons pas son âge.

Dans l'état actuel des choses, aucune observation ne peut prouver que l'énergie noire n'existe pas. Aucune observation ne peut non plus prouver qu'il n'y a pas des anges munis de manivelles qui font tourner le monde ! En revanche, contrairement à l'hypothèse de l'énergie noire, l'hypothèse de la constante cosmologique est *falsifiable* car elle prédit une forme précise de *R(t)* : si des observations futures venaient contredire la forme standard, cela infirmerait l'existence de la constante cosmologique.

Ces dernières décennies ont vu la précision des observations se resserrer petit à petit, augmentant de plus en plus notre confiance envers la constante cosmologique et engendrant un obstacle supplémentaire à franchir pour l'idée d'énergie noire : comment expliquer que celle-ci ait l'étrange propriété de « mimer » précisément une constante cosmologique ? Curieuse coïncidence, à laquelle il serait difficile de trouver un sens physique !

Chaque nouveau résultat d'observation apporte des contraintes supplémentaires et rend de plus en plus difficile l'élaboration d'un scénario cohérent à base d'énergie noire. Il est assez frappant d'observer que les travaux à ce sujet procèdent en introduisant de plus en plus de termes dans les équations. Une situation qui rappelle exactement celle des *épicycles*, à l'aide desquels certains de nos lointains prédécesseurs tentaient de rendre compte des mouvements planétaires qu'ils imaginaient parcourir des orbites circulaires uniquement, avant que Kepler ne comprenne que ces orbites sont elliptiques.

Il n'y a guère de doute que, dans les années à venir, des campagnes d'observation astronomique nous fourniront de nouvelles informations sur T_U ou sur la loi *R(t)*. Si ces informations ne s'accordent pas avec la valeur de T_U donnée actuellement, ou avec la loi *R(t)* « standard » (pourvue de Λ), cela pourrait favoriser l'existence d'une énergie noire plutôt que de Λ, ou bien la nécessité de remplacer la relativité générale par une théorie de gravité modifiée. Si au contraire les résultats confirment la tendance actuelle, il deviendra de plus en plus difficile de soutenir l'hypothèse d'une énergie noire. Précisons que jusqu'à nouvel ordre, tous les résultats d'observation récents s'accordent avec la constante cosmologique.

L'estimation donnée aujourd'hui pour $T_U = 13{,}7$ vaut donc pour une cosmologie « standard », qui suppose l'existence d'une part d'une masse cachée, avec l'abondance communément admise jusqu'ici, et d'autre part de la constante cosmologique plutôt que d'une énergie noire.

CHAPITRE 10

UN ÂGE ET DES ÉTOILES

La définition même de T_U engendre une conséquence simple : aucune histoire ne peut avoir une durée supérieure à T_U. Il apparaît donc important de chercher à identifier les histoires les plus longues possible dans l'Univers et d'estimer leurs durées. Elles devront bien sûr se révéler inférieures à T_U : un résultat contraire nous conduirait à réviser notre cosmologie.

Or, il existe bel et bien des histoires dont nous sommes capables d'estimer la durée sans faire appel à des calculs cosmologiques : celle de notre planète, ou celles de certaines étoiles.

Dans les années 1930, le modèle d'Einstein-De Sitter (dans ce modèle, l'âge vaut $2/(3 H_0)$ où H_0 est la constante de Hubble-Lemaître) fut ainsi rejeté car il conduisait à un âge voisin de 2 milliards d'années, alors que l'âge de la Terre était estimé au-delà de 3 milliards d'années. Depuis cette époque, ce sont les âges des étoiles qui ont joué un rôle similaire.

Quel âge a la Terre ?

Le Soleil, les étoiles et les planètes ont toujours été là. Le ciel et tout ce qu'il contient sont immuables. C'est ce qu'estimaient philosophes et penseurs de l'Antiquité grecque ; à moins qu'ils ne rapportassent leur origine à une création mythique du monde et de tout son contenu. Mais la lente apparition de la science consiste précisément dans le rejet des mythes initiaux. L'idée d'un âge possible pour les astres célestes – dans un sens physique – n'est apparue que bien plus tard ; elle s'est imposée petit à petit, après l'apparition de la science moderne, pour la Terre, pour les étoiles, pour les galaxies, pour la vie, pour l'humanité, pour l'Univers lui-même, avec l'idée que toutes ces entités évoluent.

La première comparaison pertinente est avec l'âge de la Terre. Jusqu'à la Renaissance, sa seule estimation provenait des récits bibliques, soit quelques milliers d'années. Un *a priori* qui mit longtemps à disparaître (certains créationnistes aujourd'hui ne s'en sont pas défaits). C'est à partir du XVIIe siècle que les scientifiques s'emparent de la question de l'âge de notre planète en tenant compte des progrès de la géophysique et de la physique. L'une des premières tentatives est due à l'astronome Edmond Halley (1656-1742).

Il raisonne sur la salinité de l'océan : en supposant que celle-ci provient du sel contenu dans les rivières, acquis au contact des roches, son raisonnement fournit l'âge de l'océan. Il en déduit une Terre bien plus âgée que les milliers d'années proposés à la suite de la lecture des récits bibliques. Reprise en 1901, cette méthode suggérera une valeur autour de la centaine de millions d'années.

Georges-Louis Leclerc, comte de Buffon (1707-1788) raisonne différemment. En 1749, il propose dans sa *Théorie de la Terre*, premier des quinze volumes de son *Histoire naturelle*, que notre planète s'est formée par la collision du Soleil et d'une comète. Il va en déduire des contraintes sur son âge, en supposant qu'elle était initialement une boule de matière en fusion et en estimant son temps de refroidissement. Il expérimente à partir de boules en métal chauffées à haute température, dont il mesure les durées de refroidissement ; puis il extrapole ses résultats à la planète entière. En 1760, il propose un âge de 75 000 ans. Le raisonnement sera repris par William Thomson (1824-1907), alias Lord Kelvin, qui utilise cette fois l'équation de la chaleur. En 1897, il aboutira à des valeurs encore plus longues, des dizaines voire des centaines de millions d'années.

D'autres méthodes sont utilisées. Les géologues, par exemple, se rendent compte qu'il a fallu de très longues durées pour que ce qu'ils observent ait pu se former. Ils proposeront des valeurs élevées, en tout cas en contradiction avec l'âge biblique. En 1831, l'examen de fossiles marins suggère une valeur de 240 millions d'années.

Mais les estimations véritablement fiables découleront de la découverte de la radioactivité par le physicien Henri Becquerel en 1896, puis de la compréhension des phénomènes radioactifs (Pierre et Marie Curie, Ernest Rutherford...) au début du XXe siècle. Les valeurs s'allongent. Dans les premières années du XXe siècle, Rutherford calcule une limite inférieure de 500 millions d'années. En 1905, Lord Rayleigh (1875-1947) la repousse au milliard d'années. Vers 1915, la valeur retenue avoisine 1,6 milliard d'années. Elle sera plusieurs fois réévaluée : autour de 2,6 milliards d'années en 1935 ; entre 3 et 3,4 milliards d'années en 1946. La valeur définitive de 4,55 milliards d'années, retenue aujourd'hui, sera obtenue en 1953, à partir de l'analyse isotopique des météorites et de méthodes radiochronologiques, puis confirmée ensuite par la datation des roches lunaires.

Aujourd'hui, selon la géocosmochimiste Maud Boyet, directrice de recherche au Laboratoire magmas et volcans de l'université Clermont-Auvergne, « l'événement le plus ancien que l'on peut dater est la condensation de minéraux réfractaires à très haute température dans le gaz entourant le Soleil en formation, il y a 4 567,3 ± 0,3 millions d'années ». Cela semble coïncider avec le début de la formation du Soleil. Tout autour, les embryons de planètes vont se former, puis s'amalgamer pour constituer les planètes elles-mêmes : il faut une centaine de millions d'années pour que la Terre elle-même se constitue.

Plus vieille que l'Univers ?

Dans les années 1930, les estimations de l'âge terrestre dépassent les 2,5 milliards d'années. Cela rejaillit sur la cosmologie. L'attention y est alors focalisée sur le modèle Einstein-De Sitter, le favori dans la classe des modèles de Big Bang, le plus populaire et le plus étudié. Les deux physiciens ont sélectionné un exemplaire particulier : un univers en expansion, sans constante cosmologique, et avec une valeur particulière de la densité de matière, appelée densité critique.

Son principal mérite est d'être simple. Dans ce modèle, l'âge de l'Univers est estimé à $T_U = 2/(3\ H_0) = 2/3\ T_H$, où T_H est le temps de Hubble, égal à l'inverse de la constante. Dans les années 1930, celle-ci est évaluée autour de 500 km/s/Mpc, ce qui donne un âge T_U voisin de 2 milliards d'années.

Une Terre âgée de 2,5 milliards d'années ou davantage, dans un univers vieux de 2 milliards seulement, ça ne colle pas ! La communauté rechigne et rejette pour cette raison toute la classe des modèles de Big Bang (alors que les versions de Lemaître avec Λ ne souffrent pas de ce problème). Le modèle concurrent d'univers stationnaire est beaucoup plus populaire. Il le restera jusqu'à ce qu'il se révèle incompatible avec les observations de radiosources.

Devant cette désaffection, Lemaître est un des rares à ne pas désarmer. En premier lieu, la relation $T_U = 2/3\ T_H$ écrite plus haut et source du problème ne vaut que pour le modèle Einstein-De Sitter où la constante cosmologique Λ est nulle. L'âge de l'Univers est beaucoup plus long dans un modèle avec Λ. Lemaître défend, de manière prémonitoire, l'existence de cette constante. Mais il fait peu d'adeptes.

Il suggère également que l'estimation de H_0 pourrait être inexacte si les mesures de distance étaient erronées. Celles-ci résultent de procédures complexes, qui reposent sur plusieurs hypothèses dont la validité n'est pas assurée. Il se révélera plus tard qu'il a raison sur ce point. En attendant, l'attention est focalisée sur le modèle Einstein-De Sitter où la valeur de T_U

pose problème. Et la communauté regarde les modèles de Big Bang d'un œil critique.

Mais les modèles stationnaires concurrents finissent par être écartés. Et dans les années 1940, les observations d'abondance des éléments chimiques légers se révèlent en accord avec les calculs de nucléosynthèse primordiale dans le cadre des modèles de Big Bang, ce qui renforce leur crédibilité. Mais c'est surtout la découverte du fond diffus cosmologique, dans les années 1960, qui convainc la communauté de les adopter : personne n'a jamais pu expliquer son existence, et encore moins ses caractéristiques que les observations vont dévoiler petit à petit jusqu'à nos jours, autrement que dans le cadre de ces modèles.

Et les étoiles ?

Une fois le conflit avec l'âge de la Terre réglé, ce sont les étoiles qui vont engendrer une tension. À la suite de nouvelles observations et d'une meilleure compréhension de la physique stellaire, leurs éloignements sont réévalués ; la constante de Hubble l'est également et, du même coup, l'âge de l'Univers : on arrive à des estimations qui dépassent la dizaine de milliards d'années mais cela dépend crucialement de la constante cosmologique. Le conflit avec l'âge de la Terre s'est évanoui. Les modèles stationnaires ont été éliminés. La confiance s'est établie envers les modèles de Big Bang. Mais ce sont maintenant aux âges des étoiles qu'il va falloir confronter la valeur de T_U, et aussi, comme cela était déjà apparu à Hubble, au processus de formation des galaxies.

Une étoile naît, vit et meurt. Lorsque nous observons une certaine étoile, nous la surprenons dans le courant de sa vie, alors qu'elle a déjà un certain âge que les astronomes ont appris à déterminer, avec une plus ou moins bonne précision. Toute valeur trouvée constitue une limite inférieure à l'âge de l'Univers. En fait la limite obtenue est encore plus contraignante car il faut ajouter à cet âge la durée antérieure qui s'est écoulée (depuis le Big Bang) jusqu'à la formation de l'étoile, ainsi que celle écoulée entre le moment où l'étoile a émis le rayonnement que nous observons et aujourd'hui, ce que l'on appelle le « temps de regard en arrière ». Mais comme les mesures d'âge sont essentiellement consacrées aux étoiles de notre galaxie, dont les éloignements ne dépassent pas quelques dizaines de milliers d'années-lumière, les temps de regard en arrière ne dépassent pas quelques dizaines de milliers d'années. Négligeable, lorsqu'on s'intéresse à un âge de l'Univers qui se mesure en milliards d'années !

Physique stellaire

Les astrophysiciens comprennent de mieux en mieux les mécanismes de formation et d'évolution des étoiles, et ils ont mis au point plusieurs méthodes permettant d'estimer leurs âges[1].

Une étoile, c'est avant tout un gigantesque réacteur nucléaire. Elle s'est formée à partir de la contraction d'un nuage de gaz initial essentiellement constitué d'hydrogène, une *nébuleuse protostellaire*. Sous l'effet de sa propre attraction gravitationnelle, ce nuage s'est contracté sur lui-même selon le processus d'*instabilité gravitationnelle*; ce qui rend le gaz de plus en plus dense et chaud, jusqu'à atteindre les conditions propices au déclenchement des réactions de fusion thermonucléaire des noyaux d'hydrogène. La nébuleuse devient alors une étoile; une étoile qui brille, émettant des rayonnements et de l'énergie issus de ces réactions.

Les noyaux d'hydrogène sont de simples protons. Les réactions nucléaires les fusionnent de manière à former des noyaux composites, essentiellement d'hélium (deux protons et deux neutrons liés par les forces nucléaires). C'est ainsi que commence la vie d'une étoile. Cette phase initiale est appelée « séquence principale »: l'étoile brûle d'abord en son cœur l'hydrogène, son constituant essentiel de départ. Notre

Soleil, par exemple, a entamé cette phase il y a près de 4,5 milliards d'années. Il s'y trouve toujours et les astronomes pensent qu'il en a encore pour autant d'années. Toute l'énergie qu'il émet provient de cette fusion thermonucléaire en son cœur. Plus ou moins directement, toute l'énergie que nous utilisons sur Terre en provient également, grâce aux cycles atmosphériques, hydrauliques, biologiques...

Mais le combustible d'une étoile, l'hydrogène, n'est pas inépuisable. Lorsque le stock initial dans le cœur est épuisé, la séquence principale se termine. De nouvelles réactions nucléaires s'amorcent alors, utilisant l'hydrogène des couches périphériques, puis l'hélium précédemment synthétisé comme combustible : le réacteur stellaire amalgame ses noyaux pour former ceux d'éléments chimiques plus lourds tels que carbone, azote, oxygène... Tous les atomes qui nous environnent ont vu leurs noyaux fabriqués ainsi, dans des cœurs d'étoiles qui ont vécu avant l'apparition du Système solaire : nous sommes des poussières d'étoiles, selon l'expression de Carl Sagan...

Ce nouveau combustible s'épuise à son tour... De nouveaux cycles de réactions se mettent en place, qui dépendent de la nature de l'étoile (essentiellement de sa masse). Mais ce n'est plus le sujet ! Ce qui m'intéresse ici, c'est la durée de la *séquence principale*. Les astronomes ont en effet reconnu certains critères permettant d'identifier une étoile au moment où elle quitte cette phase d'évolution, et ils savent assez bien estimer son âge à ce moment à partir de ses caractéristiques observées.

La durée qu'une étoile passe dans la séquence principale dépend naturellement de la quantité initiale d'hydrogène qu'elle contient; mais aussi des taux des réactions nucléaires. Ceux-ci découlent bien entendu des lois de la physique nucléaire, mais aussi des conditions physiques à l'intérieur de l'étoile: densité, pression, en tenant compte des interactions entre matière, rayonnements et particules présentes, ainsi que des mélanges et des brassages engendrés par la convection et la turbulence au sein de l'étoile. Une physique complexe, mais de mieux en mieux maîtrisée. La durée passée sur la séquence principale varie d'une étoile à l'autre; elle est d'autant plus courte que l'étoile est massive. Toujours est-il qu'en observant une étoile sous toutes les coutures, au moment où elle termine la séquence principale, les astrophysiciens sont capables d'estimer son âge (durée écoulée depuis sa formation). La complexité de la physique stellaire et les incertitudes sur les taux de réactions nucléaires limitent toutefois la précision de ces estimations.

Les premières étoiles de notre galaxie

Si l'on cherche à porter des contraintes à l'âge de l'Univers, il faut s'intéresser aux étoiles les plus vieilles possibles. Or la vie d'une étoile est d'autant plus courte que sa masse est élevée. On se concentrera donc sur les étoiles de masse pas trop élevée. Et on s'intéressera aux *amas globulaires*, car c'est là que se sont formées les premières étoiles de notre galaxie. Comme le nom l'indique, un amas globulaire est un amas d'étoiles. Sa forme à peu près sphérique indique que l'amas est ancien, qu'il s'est formé il y a longtemps, en comparaison d'autres amas plus jeunes dont les formes sont beaucoup plus irrégulières (la forme sphérique d'un amas indique qu'il est « dynamiquement relaxé »; en langage familier, on dirait qu'il « a vécu »). Ces amas ont la particularité d'orbiter dans les régions externes de notre galaxie, dans son « halo », et non pas dans son disque comme les étoiles plus jeunes. C'est donc là que les astronomes recherchent les étoiles les plus anciennes.

Les estimations des âges d'amas globulaires ne datent pas d'hier mais elles ont dû être réévaluées plusieurs fois. Elles sont en effet affectées par de nombreux facteurs; par exemple, une telle estimation dépend de l'éloignement de l'amas, lui-même difficile à évaluer. Ces éloignements, ainsi que les autres facteurs qui interviennent, ont eux-mêmes été réévalués plusieurs fois à la suite de nouvelles observations ou de résultats théoriques. Toujours est-il que ces méthodes indiquent aujourd'hui, pour les plus vieux amas globulaires, des âges voisins de 13 milliards d'années. En tenant prudemment compte des incertitudes, les astronomes donnent une limite inférieure à peu près certaine, de l'ordre de la dizaine de milliards d'années.

La contrainte sur l'âge de l'Univers résulte de l'addition à cette valeur de la durée écoulée avant la formation des étoiles de l'amas. Cette dernière n'est pas facile à connaître, car les processus à l'œuvre pour la formation des étoiles sont complexes. Ils mettent bien sûr en jeu la gravitation, qui constitue le moteur de la contraction de la nébuleuse protostellaire, mais aussi de nombreux autres processus physiques qui impliquent physique atomique, électromagnétisme, hydrodynamique... Un cocktail complexe difficile à débrouiller. Les estimations vont du simple au double, de 1 à 2 milliards d'années* pour cette durée. La meilleure limite pour T_U qui découle de ces contraintes

* Au point que certains astronomes se demandent si la meilleure méthode pour estimer ce délai ne serait pas de soustraire à l'âge de l'Univers (donné par la cosmologie) l'âge de l'amas, estimé comme indiqué plus haut.

est de 13,2. Les astronomes donnent une limite « prudente » autour de 11,2 milliards d'années. C'est de toute façon incompatible avec un univers sans constante cosmologique !

On peut aussi évaluer l'âge d'une étoile par « radiochronologie » ; c'est-à-dire, en exploitant les désintégrations radioactives, à la manière des datations au carbone-14 en archéologie. Certains noyaux atomiques instables se désintègrent spontanément, à un rythme spécifié par les lois de la physique nucléaire. Ce rythme est commodément exprimé par une « durée de demi-vie » : la durée au bout de laquelle une population donnée de ces noyaux aura diminué de moitié à cause des désintégrations. Lorsqu'on s'intéresse aux âges stellaires, on considère de longues demi-vies, qui se mesurent en milliards d'années ; celle de l'atome de thorium, par exemple, vaut 14,05 milliards d'années. Le candidat idéal.

La méthode consiste à mesurer l'abondance des noyaux de l'espèce choisie dans l'étoile et à la comparer à l'abondance initiale. Mais comment connaître cette dernière ? Il faut deviner. Par exemple, l'étoile CS 22892 s'est révélée très pauvre en éléments lourds autres que le thorium, aux origines pourtant similaires. Cela suggère logiquement que l'abondance initiale du thorium était faible également. De manière plus précise, une comparaison raisonnée avec les abondances mesurées dans le Système solaire permet d'inférer une valeur raisonnable pour cette abondance initiale. Pour cette étoile, la datation fournit un âge de 15,2 milliards d'années, mais à 3 milliards d'années près. Aujourd'hui, la radiochronologie donne entre 11 et 14 pour l'âge des plus vieilles étoiles.

Dans le halo de notre galaxie, l'étoile HD 140283 est aussi appelée étoile de Mathusalem car son âge estimé était l'un des plus élevés : aujourd'hui, après de nouvelles estimations, 13,5 à 0,7 près. En accord avec CDMΛ, mais en conflit potentiel avec les estimations les plus élevées de H_0, évoquées dans la partie sur les controverses.

Naines blanches

Les étoiles dont la masse est inférieure à huit fois celle du Soleil finissent leur vie sous forme de naines blanches. Durant cette phase terminale d'évolution, elles se refroidissent et deviennent de moins en moins lumineuses, en suivant une « courbe de refroidissement » que les astrophysiciens stellaires ont appris à connaître. Ce qui permet de déduire l'âge d'une *naine blanche* à partir de sa luminosité.

Parfait en principe. Mais une naine blanche est par définition peu lumineuse et donc difficile à observer. C'est pourquoi la plupart des études se sont concentrées sur les plus proches, celles qui habitent le disque de notre galaxie, la Voie lactée. Mais ce disque est malheureusement moins âgé que son halo, si bien que les limites obtenues ne dépassent pas la dizaine de milliards d'années, huit si l'on veut une valeur vraiment fiable : pas de contrainte très forte sur T_U !

Le bilan de toutes ces contraintes donne un âge de l'Univers de l'ordre de 14 milliards d'années[2] en parfait accord avec nos estimations actuelles de l'âge de l'Univers d'après nos modèles de Big Bang. Cela confirme la pertinence de ces modèles (sinon, d'où viendrait un tel accord ?). Cet accord repose sur l'existence d'une constante cosmologique (ou d'énergie noire), que de nombreux astrophysiciens, depuis Lemaître, savaient indispensable. C'est pourquoi la « découverte de l'accélération cosmique », qui fit grand bruit dans les années 1990, n'était pour eux qu'une confirmation. Cela ne réduit en rien le mérite de ses auteurs, qui l'ont obtenue par une méthode indépendante ; résultat d'un travail très minutieux qui leur valut le prix Nobel. Mais de nombreux astrophysiciens, Lemaître le premier, savaient déjà qu'une phase d'accélération cosmique était nécessaire pour rendre compte de la formation des galaxies.

Instabilité gravitationnelle

Les galaxies n'ont pas toujours existé. Nous pensons qu'elles se sont formées par un processus d'« instabilité gravitationnelle ».

Première phase : à une époque située très tôt dans l'histoire de l'univers primordial, certaines régions sont un tout petit peu plus denses que les autres. On parle de « fluctuations initiales ». Nous ignorons l'origine de ces fluctuations ; ce qui continue à constituer un sujet de recherche très actif. Mais nous savons qu'elles étaient là au moment de la recombinaison, c'est-à-dire environ 300 000 ans (en temps cosmique) après le début de l'expansion. D'une part, nous ne pourrions comprendre sans elles l'apparition ultérieure des étoiles et des galaxies. Mais surtout, leurs traces ont été détectées dans le fond diffus cosmologique : elles ont laissé leur empreinte sur ce rayonnement, au moment de la recombinaison où il a été engendré.

Le fond diffus apparaît *presque* isotrope, c'est-à-dire d'intensité (ou de température) identique dans toutes les directions du ciel. Mais ce n'est qu'approximatif car il présente de minuscules variations d'une direction du ciel à l'autre: ces « anisotropies » ont été précisément imprimées sur ce rayonnement par les fluctuations du contenu matériel mentionnées au paragraphe précédent, ainsi que celles de la courbure de l'espace-temps qu'elles ont engendrées. Elles dessinent sur le ciel un motif décoratif que les missions spatiales récentes s'emploient à décrypter. Leur première détection (grâce au satellite COBE) a valu à ses auteurs, John Mather et George Smoot, le prix Nobel de physique 2006. C'est à cause de leur très faible niveau – quelques millionièmes en valeurs relatives – qu'il a fallu attendre plusieurs décennies avant leur mise en évidence.

Leurs caractéristiques nous informent en tout cas sur les fluctuations au moment de la recombinaison, celles dont le développement ultérieur allait aboutir à la formation des galaxies. C'est en effet à partir de la recombinaison que ces faibles surdensités commencent à se condenser progressivement (à « collapser », disent les savants) sous l'effet de leur propre gravitation. Lentement au début, car il faut lutter contre l'expansion de l'Univers: ce que l'on appelle la « phase linéaire ». Puis de plus en plus rapidement (« phase non linéaire »), jusqu'au moment où certaines de ces régions, celles qui étaient initialement un peu plus denses que la moyenne, se sont suffisamment condensées pour se dissocier du reste de la matière et se découpler de l'expansion cosmique : elles sont devenues des entités autonomes, des protogalaxies. Ensuite, la contraction continue au sein de chaque protogalaxie, jusqu'à ce que des étoiles s'allument comme indiqué plus haut ; la protogalaxie est devenue une galaxie.

Ce processus est loin d'être instantané ; l'expansion de l'Univers s'oppose, au début, à la contraction gravitationnelle. Lutte critique ! Sa complexité rend difficile d'en calculer toutes les étapes et d'en évaluer les durées. Mais l'application de la relativité générale permet de premières estimations, et Lemaître avait déjà remarqué que cela prenait beaucoup de temps. À partir de la seconde moitié du XXe siècle, les simulations numériques par ordinateur ont permis d'affiner les estimations*, si bien que, depuis les années 1980, bien avant la découverte de l'accélération cosmique, les astrophysiciens qui travaillaient sur ce sujet étaient convaincus de l'existence de la constante cosmologique (personne ne parlait encore à l'époque d'énergie noire). Ils avaient d'ailleurs déjà baptisé CDMΛ le modèle cosmologique favori,

* C'est un peu comme pour les modèles climatiques : les processus en jeu sont si complexes et si intriqués qu'il est impossible de les aborder sans recourir à des simulations numériques.

qui est toujours le nôtre aujourd'hui; CDM parce qu'il intègre la forme particulière de matière noire dite « froide », et Λ pour la constante cosmologique. Comme Lemaître l'avait souligné, il semble impossible de comprendre la formation des galaxies dans un univers sans constante cosmologique : elles n'ont tout simplement pas le temps de s'y former.

POUR FINIR : LE DÉBUT

La notion d'âge de l'Univers prend son sens à l'intérieur des modèles de Big Bang, et de ceux-là uniquement. Ces modèles constituant une approche idéale, la notion d'âge peut s'appliquer par extension, avec une précision admissible à l'univers réel, c'est-à-dire à des versions « perturbées » de ces modèles de Big Bang qui tiennent compte de toutes les déformations locales de la courbure.

La confiance en ces modèles est grande, au vu de l'abondance de résultats d'observation en accord avec eux. Mais la démarche même de la physique implique de toujours remettre en cause ce que l'on considère comme acquis. Il n'est pas exclu que de futurs résultats conduisent à le modifier. À vrai dire, le rêve de chaque cosmologue est d'apparaître comme un nouvel Einstein ou un nouveau Lemaître : en exhibant une déficience de ces modèles qui obligerait à les remettre en cause. Mais les données d'observation s'accumulent et, bien loin de les infirmer, elles renforcent la confiance en ces modèles construits à partir de la théorie de la relativité générale. Peut-être cette théorie devra-t-elle dans l'avenir laisser la place à une autre théorie de la gravitation, ce que l'on qualifie parfois de « gravitation modifiée », à une autre vision de l'espace-temps. Mais les résultats qui soutiennent les modèles de Big Bang sont si convaincants qu'ils semblent pouvoir résister, dans leurs grandes lignes, même au remplacement de la relativité générale par une autre théorie. À tel point que le fait de pouvoir retrouver les modèles de Big Bang, ou des modèles qui leur ressemblent, est considéré comme un critère de sélection pour les propositions de telles théories. Bien sûr, je dois modérer ce discours à cause de la question de la masse cachée (d'autres y ajouteraient l'énergie noire) et des tensions sur la valeur de H_0, évoquées plus haut.

Si vous m'avez suivi jusqu'ici, vous aurez sûrement compris que les modèles de Big Bang ne décrivent en toute rigueur qu'une partie de l'évolution cosmique. Cela suggère qu'ils doivent être « étendus » au début de l'évolution cosmique, et cela constitue effectivement une part importante du travail actuel des cosmologues et des physiciens théoriciens. Mais nous devons reconnaître notre ignorance quant aux premiers instants.

En simplifiant, plus on remonte loin dans le passé, moins on peut décrire ce qui s'est passé. Pour fixer les choses, on peut faire remonter la fiabilité de notre récit cosmique (celui du Big Bang) jusqu'à quelques secondes après la singularité. Ou plutôt après l'« ère de Planck », car la réalité de la singularité est aujourd'hui remise en cause et remplacée par cette nouvelle notion dont je vais dire deux mots. Par rapport aux modèles décrits plus haut, ce que l'on peut considérer comme établi laisse de côté le petit morceau initial de l'histoire de l'Univers : la singularité elle-même, ainsi que ce qui lui succède immédiatement. Cela revient à couper un petit morceau de l'espace-temps à proximité du sommet du cône et à ne s'intéresser qu'à la partie qui demeure. J'ai qualifié ce morceau de « petit » car, dans la chronologie du temps cosmique, il ne correspond qu'à une infime fraction de seconde. Mais cela n'empêche pas de penser qu'il a pu être riche en processus divers, extrêmement rapides bien sûr ; mais dans tout ceci, l'utilisation des notions temporelles n'a plus guère de pertinence.

Qu'est-ce qui pourrait remplacer cette partie amputée ? C'est toute la question. Aucune observation directe ne nous y donne accès. Mais surtout, les conditions de densité, température, courbure, etc., qui régnaient à cette époque devaient atteindre des valeurs si extrêmes qu'elles échappent au champ d'application de notre physique, de l'électromagnétisme, de la physique des particules comme de la physique nucléaire.

Le point le plus crucial tient sans doute à la physique quantique, qui gère les comportements des rayonnements et de la matière. Mais ses règles sont formulées dans le cadre de l'espace-temps de Minkowski dépourvu de courbure. Et nous ne savons absolument pas comment l'adapter aux conditions d'un espace-temps courbe*, alors que durant l'univers primordial cette courbure est intense. Tous les problèmes de la physique quantique sont amplifiés et ses notions les plus fondamentales s'écroulent. Notre physique quantique, celle que nous appliquons aux phénomènes de notre environnement, fonctionne dans nos laboratoires parce que la courbure

* Une manière de déclarer que nous ne savons pas harmoniser physique quantique et gravitation puisque la courbure représente la gravitation. Un exemple, dans un langage non strictement correct, mais parlant: la physique quantique nous dit qu'une particule peut se trouver en même temps ici et là. Mais puisque la relativité générale nous dit que c'est la matière qui engendre la courbure, cela voudrait dire que l'espace-temps est courbé à la fois ici et là également. Une situation que notre physique actuelle ne sait pas décrire.

de l'espace-temps y est négligeable, et parce que dans ces conditions très limitées, l'approximation que le temps existe fonctionne raisonnablement bien. Ce n'est absolument plus vrai dans l'univers primordial.

Malgré ces insuffisances, des scénarios plus ou moins bien étayés, et même parfois carrément fantaisistes, ont été inventés pour décrire ces premières secondes, ou fractions de seconde : « inflation » *, « brisures de symétrie », génération de « trous noirs primordiaux »... Chacune de ces idées repose sur une batterie de suppositions, en particulier sur une nouvelle physique qui permettrait de décrire des effets quantiques dans des conditions extrêmes, notamment de courbure. Il s'agit ici encore des rapports entre physique quantique et gravitation, de cette question encore irrésolue : comment faire de la physique quantique dans un espace-temps intensément courbe ? Par exemple, que devient un état quantique dans ces conditions ? Nous ne savons même pas quel genre d'influence gravitationnelle exerce la

* L'idée d'inflation est intéressante car elle illustre l'impossibilité d'existence du temps, par la dissociation complète entre les notions de durée et de causalité, usuellement rassemblées dans celle de temps. Il s'agirait en effet d'une phase de durée très courte (typiquement dix à trente-cinq secondes) alors que la structure causale de l'espace-temps, si on voulait l'exprimer en termes temporels, correspondrait à des milliards d'années.

matière quantique sur la géométrie de l'espace-temps, ni comment définir le vide quantique, ce qui demeure le grand problème pour justifier la notion d'énergie noire. Et tout ceci sans évoquer une question plus cruciale encore : la gravitation elle-même peut-elle, doit-elle être quantifiée ?

Aucune de ces questions n'admet aujourd'hui de réponse (plus exactement, il en existe toute une panoplie sans qu'aucune ne soit convaincante) et tous les scénarios imaginés restent très spéculatifs. Les cosmologues aimeraient beaucoup déceler certaines traces observables, par exemple dans le fond diffus cosmologique, qui nous livreraient quelques indices sur cette période et nous guideraient dans la recherche de nouvelles théories physiques applicables à ces conditions extrêmes. Mais ils n'ont pas obtenu de résultats probants jusqu'à présent.

La littérature scientifique regorge de supputations très diverses, invoquant des idées d'unification, de transitions de phase, de brisures de symétrie, d'inflation, d'univers multiples... Certaines supposent que l'Univers aurait pu être rempli de dizaines d'espèces nouvelles de matière, dont nous n'avons aujourd'hui aucune trace (c'est par exemple l'hypothèse de la supersymétrie[1]). Tout ceci ne repose sur aucune physique éprouvée, ce qui n'est sans doute pas très grave : la démarche même de la physique consiste en effet à tout essayer, même le plus saugrenu. Ce qui apparaît préoccupant, c'est que les notions introduites ne sont parfois même pas définies et conceptualisées de manière cohérente, de sorte que tout ceci constitue un brouillard opaque au sein duquel il est difficile de raisonner.

La partie considérée comme relativement fiable du récit cosmologique commence *grosso modo* aux premières secondes qui suivent l'ère de Planck. L'état de l'Univers à ce stade diffère énormément de celui d'aujourd'hui : nous le voyons comme une « soupe » de particules élémentaires extrêmement énergétiques, se déplaçant à des vitesses proches de celle de la lumière, interagissant constamment entre elles et avec les rayonnements, dans un environnement d'une densité et d'une température démesurées, sans qu'aucun objet structuré ne soit encore présent. Soit ! Nous sommes ici aux limites de ce que nous pensons pouvoir aborder avec notre physique. Mais l'histoire passée de cette « soupe primordiale », quand et comment elle a pu apparaître auparavant*, nous l'ignorons !

---

* À vrai dire, la notion elle-même de particule n'a sans doute guère de pertinence dans ce contexte, et la matière doit plutôt

Cela ne remet pas en cause les modèles de Big Bang, à condition de bien comprendre qu'ils ne décrivent rien d'autre que l'évolution cosmique à partir de la première minute (pour résumer) jusqu'à aujourd'hui.

L'ère de Planck

Reste bien entendu la question du début du début !

J'ai écrit plus haut que la majorité des cosmologues ne pensent plus aujourd'hui que l'histoire cosmique a débuté par une singularité, par un Big Bang. On évoque plutôt une *ère de Planck*, dont on ne sait pas grand-chose.

L'appellation se réfère au physicien Max Planck, un des initiateurs de la physique quantique. Selon une idée très répandue depuis Einstein, en effet, la gravitation devrait être décrite de manière quantique, à l'instar des autres interactions comme l'électromagnétisme. Autrement dit, notre théorie de la gravitation (la relativité générale) devrait être remplacée par une théorie de gravité quantique. Dans des conditions « ordinaires », celles que nous avons pu tester, les prédictions de la gravité quantique se confondraient

---

être décrite en termes de « champs quantiques » occupant la totalité de l'espace !

avec celles de la relativité générale. Mais des conditions d'intense courbure de l'espace-temps, *a fortiori* quand la courbure tend à devenir infinie, exigeraient le recours à cette gravité quantique. C'est probablement le cas du voisinage des trous noirs, mais aussi de l'évolution primordiale de l'Univers : l'ère de Planck doit relever d'une cosmologie quantique, elle-même fondée sur une gravité quantique.

Depuis Einstein, qui avait consacré une grande partie de sa vie à cette question, les physiciens n'ont cessé de tenter de quantifier la gravité elle-même, de construire une théorie de gravité quantique, même si en toute rigueur rien n'assure que cela existe. Après la tentative de la « théorie des cordes », l'approche de la « gravité à boucles » est sans doute la plus en vogue aujourd'hui, mais elle bute sur des difficultés sérieuses. Les autres propositions ne manquent pas sur le marché des idées, mais rien de définitif ne semble émerger encore. Et faute de théorie de gravité quantique, pas non plus de cosmologie quantique qui puisse permettre de décrire l'ère de Planck.

La plupart des cosmologues qui travaillent dans ce domaine estiment néanmoins qu'une description correcte n'implique aucune singularité ; que l'histoire cosmique n'a pas débuté par un « feu d'artifice » comme le suggérait Lemaître. Certains indices suggèrent par exemple que le début de l'expansion correspondrait plutôt à un « rebond cosmique » : l'Univers aurait vécu auparavant une phase de contraction cosmique, qualifiée maladroitement de « pré-Big Bang ». Cette contraction l'aurait comprimé à un état très dense, jusqu'à ce que les effets de cosmologie et gravité quantiques déclenchent ce « rebond cosmique », à partir duquel aurait commencé à se dérouler la phase d'expansion actuelle, celle que décrivent nos modèles de Big Bang. Ceux-ci ne sont pas remis en cause, à condition d'avoir bien compris qu'ils ne décrivent l'évolution cosmique qu'à partir des premières secondes qui suivent l'ère de Planck.

L'idée d'un rebond n'est pas nouvelle puisqu'on la trouve déjà, par exemple, chez Friedmann. Mais l'association à une éventuelle ère de Planck est beaucoup plus récente. Elle a été évoquée aussi bien dans le cadre de la théorie des cordes que dans celui de la gravité quantique à boucles, deux approches en vogue ces dernières années. Dans un tel cas, l'Univers (dans l'acceptation stricte du terme) existerait depuis une durée bien plus longue que T_U, peut-être infinie*. La notion d'âge de l'Univers reste cependant

* Mais il n'est même pas certain que la notion de durée (tout à fait valide en relativité générale et en cosmologie relativiste)

pertinente et bien définie, et son évaluation demeure la même, à condition d'avoir compris qu'elle ne désigne pas la durée depuis laquelle l'Univers existe (qui pourrait par exemple être infinie dans le cas du rebond cosmique), mais la durée de la phase d'expansion depuis l'ère de Planck jusqu'à aujourd'hui. Rappelons-nous que la première évocation d'un âge de l'Univers par Friedmann correspondait exactement à un tel cycle, bien que dans un cadre non quantique.

Toujours est-il que, si cette ère de Planck a bien existé, l'Univers a dû « en sortir » pour entamer sa phase actuelle d'expansion que notre physique est capable de décrire. Son évolution a dû l'amener vers la situation d'où les éventuels effets de gravité quantique ont disparu. Lors de cette transition, que l'on évoque sous le terme de « décohérence », la valeur du facteur d'échelle (la « taille caractéristique de l'Univers ») devait être encore infime, de l'ordre de la « longueur de Planck », définie à 10^{-35} mètre, la lumière aurait pu le traverser en 10^{-43} seconde, ce qui est appelé « temps de Planck ». Les valeurs de la température et de la densité auraient été respectivement de l'ordre de

garde sa pertinence dans le cadre d'une théorie de cosmologie quantique. Bref, tout ceci est à manier avec prudence.

10^{32} K et 10^{94} g/cm^3. Nul ne sait comment s'est effectuée la transition puisque aucune théorie ne rend compte de la dynamique (quantique) de l'Univers durant cette phase. Mais puisque l'Univers semble obéir aujourd'hui aux lois de la gravité non quantique, c'est-à-dire à celles de la relativité générale, il a bien fallu que cette dernière advienne !

Simplicité ou médiocrité ?

D'autres voudraient associer à l'ère de Planck l'apparition même de notre espace-temps. On pourrait noircir bien des pages à ce sujet. Je me bornerai à évoquer un article célèbre et emblématique intitulé « *The creation of universe from nothing* » (la création de l'Univers à partir de rien !) et à le juxtaposer à cette réflexion du sage Maxwell (en 1873) : « La science est incompétente pour raisonner sur une création de la matière à partir de rien. » On s'aperçoit bien vite que le « rien » évoqué dans le premier article est bien loin d'être... rien : le terme se réfère à un espace-temps préexistant – le plus « simple », c'est-à-dire celui de Minkowski sans courbure – avec l'idée qu'une transition, ici qualifiée de « création », aurait amené cet espace-temps simple vers un autre état plus complexe qui correspondrait au début de la phase d'expansion actuelle. Mais d'où viendrait cet espace-temps préalable ? Et quelles lois (certainement pas celles d'une physique éprouvée) auraient gouverné la transition entre les deux ? L'histoire ne le dit pas. Nous sommes dans la pure spéculation et, malheureusement, la littérature qui s'y engouffre en rajoute souvent des couches, de plus en plus fantaisistes, bien loin de toute possibilité de vérification par des expériences ou des observations, bien loin même de toute possibilité d'expression cohérente.

Parmi d'autres variantes, certaines suggèrent que ce que nous décrivons par nos modèles de Big Bang habituels ne constituerait qu'une étape au sein d'une évolution cosmique bien plus complexe ; une phase d'expansion parmi d'autres qui pourraient se succéder ou s'engendrer les unes les autres. Autrement dit, ce que nous considérons aujourd'hui comme l'espace-temps (ou du moins sa partie observable) ne serait qu'une portion d'un espace-temps beaucoup plus étendu, aussi bien spatialement que temporellement. Et aussi beaucoup plus compliqué car certains imaginent que les autres morceaux que nous ne voyons pas seraient bien différents de ce que nous pouvons observer. Chacun pourrait évoluer d'une manière quasi autonome. Ils sont joliment évoqués sous des appellations d'« univers-bulles », de « bébés-univers » (*baby universes*), d'« autres univers » ; tandis que l'espace-temps de forme tourmentée qui constituerait le véritable univers est rebaptisé « plurivers », ou « multivers », dans cette hypothèse.

Parmi les innombrables variantes proposées, l'une des plus originales est celle du physicien américain Lee Smolin. Dans son ouvrage *The Life of the Cosmos*, il imagine que de tels bébés-univers prennent naissance au sein d'autres bébés-univers, puis « grandissent » et finissent par disparaître ; tandis que des conditions plus ou moins adaptées pourraient favoriser certains types de bébé-univers (dont le morceau que nous habitons) par rapport aux autres, selon une *sélection naturelle* analogue à celle découverte par Darwin pour le monde vivant.

Bien entendu, aucun cosmologue ne pense que la partie de l'Univers accessible à nos observations (ce que l'on appelle « l'univers observable ») constitue la totalité de l'Univers. Mais la plupart considèrent que les parties non observables de l'Univers possèdent à peu près les mêmes caractéristiques que la portion que nous occupons, que cette dernière ne présente rien de spécifique. Une sorte de « principe de médiocrité » qui réactualise l'idée copernicienne qui consiste à refuser que la partie de l'Univers accessible à nos observations occupe une position spéciale dans l'Univers et se décline sous la forme du « principe cosmologique » déjà évoqué ; ou, si l'on préfère, d'un principe de simplicité qui déclare que si une solution simple fonctionne, il est inutile d'en invoquer une plus complexe sans avoir de bonnes raisons à cela. Le rasoir d'Ockham prend ici des proportions cosmiques.

Création ?

Ainsi, ni le Big Bang, ni la singularité (dont on pense aujourd'hui qu'elle n'existe pas), ni un éventuel rebond cosmique, ni l'ère de Planck ne représentent la *création* de l'Univers. En aucun cas la cosmologie ne peut évoquer celle-ci, en tous cas pas comme un processus physique au sens habituel du terme.

Je voudrais enfin réactualiser un raisonnement formulé par saint Augustin. Si l'on veut envisager la création du monde, cela veut dire entre autres choses la création du temps, et même de l'espace-temps puisque c'est lui que la physique assimile à l'Univers. Ce qui implique qu'une éventuelle création ne pourrait être envisagée qu'en dehors de toute notion temporelle, tout simplement parce que le temps ne peut « exister avant d'avoir été créé » ou, pour le dire autrement, qu'il n'y a pas d'« avant la création ». Le langage est trop ancré temporellement pour pouvoir exprimer aisément ces notions.

La physique ne peut en tout cas aucunement évoquer la création de l'Univers comme un processus physique se déroulant dans l'espace-temps comme elle le fait pour une galaxie, une étoile, une planète... Pourrait-on alors imaginer un autre moyen d'évoquer une création ? Autre qu'un processus se déroulant dans le temps ou dans l'espace-temps ? D'évoquer une apparition de l'espace-temps à partir d'autre chose qui ne serait pas l'espace-temps ? Mais quelle autre chose ?

« Qui irait se proposer de montrer comment un état de choses dans lequel n'existe aucune espèce de réalité se transforme en un état de choses dans lequel il y a des réalités ? » écrit le philosophe américain Peter van Inwagen dans son ouvrage *Metaphysics*[2]. Nous sommes obligés de constater que la création de l'Univers reste hors du champ de la physique, hors du champ de la science. Quant à savoir si l'on peut aborder cette notion en dehors du cadre de la science, je vous laisse juge.

La physique ne relie pas la notion d'âge de l'Univers à une création. J'ai tenté de montrer que cette notion n'allait pas de soi, et de décrypter la longue et difficile élaboration dont elle résulte. C'est un grand succès de notre cosmologie physique, et de la théorie de la relativité générale sur laquelle elle repose, que d'en avoir fourni une définition cohérente et d'avoir réussi à l'estimer.

Pour complexe qu'elle fût, et peut-être déroutante, cette démarche en valait la peine. D'avoir appris à connaître son âge, de savoir même que l'on peut donner un sens à la notion, voilà qui nous permet de mieux appréhender cette notion d'univers qui parfois effraie, avant de tourner nos esprits vers les questions encore non résolues, celles qui échappent encore à nos descriptions.

Un travail pour les générations futures.

POSTFACE D'ÉTIENNE KLEIN

«Étant donné un mur, que se passe-t-il derrière?»
JEAN TARDIEU

Mais quelle incroyable histoire que vient de nous raconter là Marc Lachièze-Rey! Il est parvenu à nous faire comprendre que la notion d'âge, pourtant si familière, ne va nullement de soi lorsqu'on tente de l'appliquer à l'Univers. On peut certes la définir, et même estimer sa valeur avec une assez bonne précision, mais seulement au prix d'une difficile élaboration, à la fois conceptuelle et scientifique, qui n'a d'ailleurs peut-être pas dit son dernier mot.

Et surtout, il nous a clairement expliqué que la physique contemporaine ne relie pas la notion d'âge de l'Univers à une création, ni même à une naissance. N'est-ce pas paradoxal? Serait-il possible d'avoir un âge fini sans avoir eu de commencement?

Reprenons rapidement les choses en mettant quelques points sur les i. Comme nous l'a rappelé Marc, c'est sous la double poussée de la science et de la technique que l'historicité de l'Univers a pu être mise en évidence : « À quelques années d'intervalle, écrivit le philosophe des sciences Jacques Merleau-Ponty, un physicien de génie et un télescope gigantesque, manié par un astronome à sa mesure, apportèrent à la philosophie de la Nature, l'un une idée, l'autre une vision de l'Univers dont on ne sait laquelle était plus surprenante et plus exaltante. »

Le « physicien de génie », c'est bien sûr Albert Einstein, qui formula en 1915 une nouvelle théorie de la gravitation. Selon lui, celle-ci n'est pas une force qui s'exerce au travers de l'espace, mais l'effet de la déformation que la matière imprime à l'espace-temps. En fournissant les outils conceptuels permettant de décrire les propriétés globales de l'Univers (et pas seulement celles de ses constituants, telles les étoiles ou les galaxies), sa théorie de la relativité générale en a fait un authentique objet physique, précisément défini par sa structure spatio-temporelle et sa composition en matière, en rayonnements et en toute autre forme d'énergie. L'Univers n'est plus seulement une idée : il devient une chose prosaïquement descriptible, un être dépoétisé qu'on peut mettre en équations.

Quant à l'astronome « doté d'un instrument gigantesque », c'est Edwin Hubble, qui découvrit en 1929, grâce à un télescope placé sur le mont Wilson, « la loi de Hubble-Lemaître » : les galaxies semblent s'éloigner les unes des autres à une vitesse d'autant plus élevée que leur distance est grande. En réalité, ce ne sont pas les galaxies qui se déplacent dans l'espace en se fuyant les unes les autres, mais l'espace lui-même qui s'étend, emportant avec lui les galaxies. L'Univers n'est donc pas statique, mais globalement en expansion.

Qu'est-ce à dire ? Que si nous pouvions dérouler à l'envers le film cosmique, nous verrions alors que, dans son passé lointain, l'Univers était bien plus petit et bien plus dense qu'aujourd'hui. Étant donc plus comprimé, il était aussi plus chaud. Et si, grâce aux équations d'Einstein, on extrapole cette situation aussi loin que possible dans le passé, on aboutit à un univers de taille nulle, à un point origine, à un « Big Bang » caractérisé par une température et une densité infinies.

Einstein et Hubble ont donc bien été les deux pionniers d'une nouvelle science, la cosmologie scientifique, mais il faudrait aussi citer le Russe Alexander Friedmann et le Belge Georges Lemaître, auxquels Marc rend heureusement justice.

Chacun le voit : aujourd'hui, la cosmologie est une science bien assise. Grâce à ses instruments qui n'ont cessé de se perfectionner, les physiciens connaissent de mieux en mieux les propriétés de l'Univers : sa forme, sa structure à grande échelle, son évolution et finalement son âge. Et puisque nous savons désormais avec certitude que l'Univers n'est pas une entité stationnaire, qu'il a eu et qu'il continue à avoir une histoire, nous avons tendance à croire que cette histoire a nécessairement eu un commencement. La question est : avons-nous raison ?

En toute rigueur, le Big Bang désigne l'époque très dense et très chaude que l'Univers a connue il y a 13,7 milliards d'années. Mais on l'utilise en général dans un sens tout à fait différent : pour désigner l'explosion originelle qui aurait créé tout ce qui existe, autrement dit l'instant zéro marquant le surgissement simultané de l'espace, du temps, de la lumière, de la matière et de l'énergie. Dans le langage courant, il en est donc venu à désigner la création même du monde, un équivalent physique du *fiat lux*.

A priori, il ne s'agit pas d'un contresens : si l'on regarde ce que fut l'Univers dans un passé de plus en plus lointain, on observe que les galaxies se rapprochent les unes des autres, que la taille de l'Univers ne cesse de diminuer et qu'il finit en effet par se réduire – si l'on en croit les équations de la relativité générale – à un univers ponctuel, c'est-à-dire de volume nul, auquel il est tentant d'associer un « instant zéro ». Or, qu'est-ce qui empêche de l'assimiler à l'origine effective de l'Univers ? À vue de nez, rien, mais si l'on y regarde de plus près…

Car depuis 1950, date à laquelle le Big Bang reçut son nom et commença d'être popularisé, beaucoup de choses se sont passées dans le champ de l'astrophysique et de la cosmologie, au point qu'il faudrait modifier notre façon de le dire.

Qu'est-ce que les physiciens ont compris de nouveau ? Dans les années 1950, la description de l'Univers s'appuyait exclusivement sur les équations de la relativité générale. Or, quand on remonte le cours du temps, la taille de l'Univers se réduisant progressivement, la matière finit par rencontrer des conditions physiques très spéciales que la relativité générale est incapable de décrire seule, car d'autres interactions que la gravitation entrent en jeu : il s'agit des forces électromagnétiques et nucléaires qui déterminent le comportement des particules de matière, notamment quand la température et la densité deviennent très grandes.

La relativité générale ne prenant en compte aucune de ces trois forces, les physiciens ont pris conscience qu'elle ne peut décrire à elle seule les premiers instants de l'Univers. Ses équations perdent toute validité quand les particules présentes dans l'Univers, dotées d'énergies gigantesques, subissent d'autres interactions que la gravitation.

Pour affronter les conditions de l'univers primordial et pouvoir en parler, il faudrait que les physiciens puissent franchir le « mur de Planck » : ce moment particulier de l'histoire de l'Univers, une phase par laquelle il est passé il y a 13,7 milliards d'années et dont la physique actuelle est impuissante à décrire ce qui s'est passé en son amont.

Mais alors, comment mieux décrire, et surtout plus complètement, l'univers primordial ? Les théoriciens osent toutes les hypothèses : l'espace-temps posséderait plus de quatre dimensions (en fait six dimensions d'espace supplémentaires...) ; ou bien, à toute petite échelle, il serait discontinu plutôt que lisse, c'est-à-dire constitué de petits grains ; ou bien encore, il serait théoriquement dérivable ou déductible de quelque chose de plus fondamental, qui ne serait pas un espace-temps... Le point important ici est que toutes ces théories ont la propriété de faire passer un sale quart d'heure à l'instant zéro ; quand on les applique aux phases les plus reculées de l'histoire de l'Univers, on constate que les calculs aboutissent sinon à l'abolition de l'origine de l'Univers, du moins à sa mise à l'écart...

Aucun, en tout cas, ne donne corps à l'idée d'une création *ex nihilo*, ce qui oblige à revoir notre façon de penser le Big Bang. Par exemple, certains modèles théoriques l'interprètent non plus comme une « singularité », mais comme une phase extrêmement dense qui aurait servi de « pont » entre notre univers en expansion et un autre qui l'aurait précédé (le même, mais en contraction). Dans un tel cadre, le Big Bang ne saurait plus être confondu avec l'origine de l'Univers.

Cette question de l'origine absolue est donc ouverte et non pas fermée : personne n'est en mesure de démontrer scientifiquement que l'Univers a eu une origine proprement dite et personne n'est capable non plus de démontrer scientifiquement qu'il n'en a pas eu... Donc, de deux choses l'une... Soit l'Univers a eu une origine, que les scientifiques n'ont pour le moment pas saisie : dans ce cas, il a résulté d'une extraction hors du néant, extraction sans doute indicible (car pour expliquer comment le néant a pu cesser de l'être, il faut lui attribuer des propriétés qui, par leur seule existence, le distinguent de lui-même...). Soit l'Univers n'a pas eu d'origine : dans ce cas, il y a toujours eu « quelque chose », jamais de néant, et la question de l'origine de l'Univers n'était qu'un vieux problème mal posé...

En attendant d'éventuels progrès à venir dans la connaissance, si l'Univers a un âge, en un certain sens, nul d'entre nous ne sait d'où il vient, ni même si cela a un sens de dire qu'il est réellement « advenu ».

NOTES BIBLIOGRAPHIQUES

Chapitre 1

1. Voir GINGERICH O., *Le Livre que nul n'avait lu*, Paris, Dunod 2008.
2. Voir aussi LACHIÈZE-REY M., *Voyager dans le temps*, Paris, Seuil, 2013.
3. LACHIÈZE-REY M., *Au-delà de l'espace et du temps : la nouvelle physique*, Paris, Le Pommier, 2008. Mentionnons que, en physique quantique, la géométrie est toujours également omniprésente.
4. LACHIÈZE-REY M., et LUMINET J.-P., *De l'infini, horizons cosmiques, multivers et vide quantique*, Paris, Dunod, 2019.

Chapitre 2

1. Voir par exemple SMOLIN L., *La révolution inachevée d'Einstein*, Paris, Dunod, 2019.
2. Voir par exemple « La philosophie de David Lewis », *Klesis – Revue philosophique*, vol. 24, 2012.

Chapitre 3

1. Rapporté dans PATY M., *Einstein philosophe*, Paris, PUF, 1993.
2. Voir par exemple LACHIÈZE-REY M., « Les images du ciel », *Raison présente*, n° 214-215, 2020.

3. Sur les travaux de Slipher, on pourra consulter la thèse de Alain Brémond à l'université Claude Bernard (Lyon), « Vesto Melvin Slipher (1875-1969) et la naissance de l'astrophysique extragalactique », sur https://tel.archives-ouvertes.fr/tel-00420560v1

Chapitre 4

1. Voir LACHIÈZE-REY M., *Einstein à la plage : La relativité dans un transat*, Paris, Dunod, 2017.
2. *Ibid.*
3. Voir TONNELAT M. A., *Les Vérifications expérimentales de la relativité générale*, Issy-les-Moulineaux, Masson, 1964.

Chapitre 5

1. Voir LACHIÈZE-REY M., *Voyager dans le temps*, Paris, Seuil, 2013.
2. *Ibid.*

Chapitre 6

1. Voir LACHIÈZE-REY M., *Einstein à la plage : La relativité dans un transat*, Paris, Dunod, 2017.

Chapitre 7

1. Voir MACCALLUM M. A. H., « *Milestones of general relativity : Hubble's law (1929) and the expansion of the universe* », arXiv:1504.03606v1.
2. HUBBLE E., « *A relation between distance and radial velocity among extra-galactic nebulae* », *PNAS*, vol. 15, 1929, p. 168-173.
3. Voir par exemple LUMINET J.-P., *L'Invention du Big Bang*, Paris, Seuil, 2004.
4. LEMAÎTRE G., « L'expansion de l'espace », dans *Publications du Laboratoire d'Astronomie et de Géodesie de l'Université de Louvain*, vol. 8, 1931, p. 101-120.
5. Voir LACHIÈZE-REY M., *Au-delà de l'espace et du temps : la nouvelle physique*, Paris, Le Pommier, 2008.
6. EDDINGTON A., « *Philosophically, the notion of a beginning of the present order of nature is repugnant for me* », dans « *The End of*

the World from the standpoint of Mathematical Physics», *Nature*, vol. 127, 1931, p. 447-453.
7. On pourra consulter à ce sujet Dominique Lambert (*Un atome d'univers*, Bruxelles, Lessius, 2000), ou Ismaël Omarjee («Science et transcendance: accord ou désaccord? Éléments de réflexion historique et épistémologique. Une étude de cas: la fondation de la cosmologie moderne», *Revue de la société de philosophies des sciences*, vol. 1, n° 1, 2014).
8. DeWitt B., «*God's Rays*», *Physics Today*, vol. 58, 2005, p. 32-34.
9. Voir Lachièze-Rey M., *Initiation à la cosmologie*, Paris, Dunod, 2020.

Chapitre 9

1. Voir par exemple la publication Di Valentino E., Yang W., *et al.*, «*Letter of Interest Cosmology Intertwined II: The Hubble Constant Tension*» (https://arxiv.org/abs/2008.11284).
2. Voir par exemple Lachièze-Rey M., *Initiation à la cosmologie*, Paris, Dunod, 2020.
3. Voir par exemple Mannheim P. D., «*Is dark matter fact or fantasy? Clues from the data*», arXiv:1903.11217. Il faut aussi mentionner que depuis quelque temps est évoquée l'hypothèse d'une masse cachée constituée de trous noirs primordiaux.
4. Pour plus de détails, voir Lachièze-Rey M., *Les Avatars du vide*, Paris, Le Pommier, 2005; *Au-delà de l'espace et du temps: la nouvelle physique*, Paris, Le Pommier, 2008.

Chapitre 10

1. Voir par exemple Jimenez R., «*The Age of the Universe*», arXiv:astro-ph/9701222.
2. *Ibid.*

Pour finir: le début

1. Voir par exemple Lachièze-Rey M., *Au-delà de l'espace et du temps: la nouvelle physique*, Paris, Le Pommier, 2008.
2. Van Inwagen P., *Metaphysics*, Boulder, CO, Westview Press, 1993.

TABLE DES MATIÈRES

Cet ouvrage a été mis en pages par IGS-CP (16)

PEFC™
10-31-3532

Certifié PEFC

Ce produit est issu de forêts gérées durablement et de sources contrôlées

www.pefc-france.org

Imprimé en France sur papiers
issus de forêts gérées durablement

Sepec Numérique

1, rue de Prony - ZA des Bruyères
01960 Peronnas

IMPRIM'VERT®

Achevé d'imprimer en Mai 2021
Numéro d'impression : N17932210319